BIOLOGICAL
MYSTERY
SERIES
PRO

4 | 石炭紀・ペルム紀の生物

群馬県立自然史博物館 監修

土屋 健 著

CARBONIFEROUS & PERMIAN CREATURES

技術評論社

はじめに

— 彼らは死と生命を定める。
　死については、その日を知ることはできぬ。—
　　　ちくま学芸文庫
　　　　『ギルガメッシュ叙事詩』より

　技術評論社の"古生物ミステリーシリーズ"第4巻をお届けします。本巻は、古生代第5の時代である「石炭紀」と、最後の時代である「ペルム紀」がテーマです。いよいよ3億年続いた古生代も終盤になります。

　石炭紀は大森林とサメの時代です。シダ植物と裸子植物が空前の規模の森をつくり、その森を舞台として昆虫が最初の繁栄を築き上げます。海には、愛らしくも独特の姿をした多くのサメの仲間たちが出現しました。第1部は、この石炭紀の様相について、動物グループごとに話を展開します。この時代を知るためのよき窓である、メゾンクリークの化石産地にも注目しました。

　ペルム紀は、古生代の幕が閉じる時代です。史上最大、空前絶後の大量絶滅事件が陸と海の両方に勃発します。第2部では、このペルム紀の、主として脊椎動物をグループごとに注目し、大量絶滅事件の前にいったいどのような生物たちがくらしていたのかをまとめました。本書のカバーを飾る一風変わった動物は、「ディプロカウルス」という名の両生類です。ペルム紀には、このディプロカウルスをはじめ、背に帆を発達させたディメトロドン、渦を巻く歯をもつヘリコプリオンなど、多くの魅惑的な動物たちが登場します。

　冒頭の引用文は、世界最古の英雄譚において、神々が滅びを与える直前の文章です。この文章ののち、英雄譚では大洪水が発生します。これは、旧約聖書の「ノアの洪水」のモデルともされています。ペルム紀の大量絶滅で"箱舟"に乗り損ねたのはいったいどんな動物だったのか。ご注目ください。

本シリーズは、群馬県立自然史博物館に総監修をいただいております。同館のみなさまには、今回もお忙しいなか時間を割いていただき、また、同館所蔵の標本の撮影にもご協力いただきました。魚類のイラストに関しては、北海道大学総合博物館の冨田武照研究員にご指導いただきました。アンモナイト類は三笠市立博物館の栗原憲一研究員に、腕足動物は新潟大学の椎野勇太助教にご協力いただきました。カメ類に関する記述は、早稲田大学の平山廉教授に相談に乗っていただきました。そして、今回も掲載標本に関しては世界中の人々に大変お世話になりました。とくに国立科学博物館、豊橋市自然史博物館、佐野市葛生化石館のみなさまには、所蔵標本の撮影にご協力いただきました。改めてみなさまにお礼申し上げます。

　本シリーズの特徴である華やかなイラストは、えるしまさく氏と小堀文彦氏の作品です。標本撮影は安友康博氏によります。資料収集や地図作図は妻（土屋香）に手伝ってもらっています。スタイリッシュなデザインは、WSB inc.の横山明彦氏。編集はドゥ アンド ドゥ プランニングの伊藤あずさ氏、小杉みのり氏、技術評論社の大倉誠二氏です。今回も多くのみなさまの支えがあって、本書はつくられています。

　そして、今、この本を手に取ってくださっているあなたに特大の感謝を。本書はシリーズの第4巻ですが、いきなり本巻を手に取られてもお楽しみいただける仕様をめざしました。ただし、第1巻からお読みいただくと、壮大な生命史をよりご堪能いただけると思います。

　それでは今回も、魅惑的な古生物の世界をお楽しみください。

2014年6月
筆者

目次

地質年表 …………………………………………… 6

第1部　石炭紀 ……………………………………… 7

1　ウミユリの園 …………………………………… 8
植物の名をもつ動物群 …………………………… 8
アイオワの"草原" ………………………………… 9
アイオワ、イリノイ、ミズーリの"草原" ……… 10
インディアナの"草原" …………………………… 12
イリノイの"草原" ………………………………… 16
棘皮の進化史 ……………………………………… 17

2　そのとき脊椎動物は…… ……………………… 18
多様化するサメ類とその仲間たち ……………… 18
あれもこれもシーラカンス類 …………………… 25
ベア・ガルチ石灰岩とは？ ……………………… 26
両生類、"橋頭堡"を築く ………………………… 27
多様な両生類たち ………………………………… 30

3　シカゴに開いた"窓" …………………………… 34
菱鉄鉱の岩塊 ……………………………………… 34
クラゲの化石 ……………………………………… 35
イリノイの"モンスター"と"目玉" ……………… 40
"H"と"Y" ………………………………………… 42
ウミサソリとその仲間たち ……………………… 44
今は亡き昆虫たち ………………………………… 46
流されてきた植物片 ……………………………… 47
そのほか、いろいろ。メゾンクリークの生物たち … 49

4　大森林、できる ………………………………… 54
石炭紀という時代 ………………………………… 54
ジョギンズの化石の崖群 ………………………… 56
巨木群 ……………………………………………… 57
史上最大の多足類 ………………………………… 62
爬虫類、登場 ……………………………………… 63

5　昆虫天国 ………………………………………… 68
昆虫類、繁栄を開始する ………………………… 68
翅の多い昆虫たち ………………………………… 69
巨大トンボ「メガネウラ」 ……………………… 70
なぜ、昆虫は巨大化したのか？ ………………… 71
もう一つの革新と、その後の昆虫 ……………… 72

エピローグ ………………………………………… 74
ゴンドワナ氷河時代の到来と大森林の消滅 …… 74

第2部　ペルム紀 ……………………………… 77
　1　**完成した超大陸** ……………………………… 78
　　　終わりの始まり …………………………… 78
　　　大陸移動説 ………………………………… 79

　2　**両生類は頂点をきわめ、爬虫類は拡散を開始する**　86
　　　爬虫類のような両生類 …………………… 86
　　　どっしり最強型と三角頭の両生類 ……… 88
　　　カエルとイモリの共通祖先 ……………… 91
　　　爬虫類、水域へと進出する ……………… 93
　　　爬虫類、空を飛ぶ ………………………… 97
　　　凸凹頭の大型植物食爬虫類 ……………… 101

　3　**単弓類、繁栄する** …………………………… 104
　　　哺乳類の祖先たち ………………………… 104
　　　大きな帆をもつもの ……………………… 105
　　　古生代最後の覇者 ………………………… 112
　　　カルー盆地に開いたペルム紀の"窓" …… 114
　　　獣弓類たちの紳士録 ……………………… 119

　4　**史上最大の絶滅事件** ………………………… 124
　　　絶滅率90％以上 …………………………… 124
　　　古生代最後の時代の魚たち ……………… 124
　　　「究極の無気力戦略」の終焉 ……………… 132
　　　ギリギリまで追いつめられたアンモナイト、
　　　　トドメを刺された三葉虫 ……………… 134
　　　陸上生物の滅亡は？ ……………………… 137
　　　絶滅の原因は何なのか？ ………………… 138

　　　エピローグ ……………………………… 142
　　　生き残ったのは…… ……………………… 142

もっと詳しく知りたい読者のための参考資料 ……… 144
索引 ………………………………………………… 148

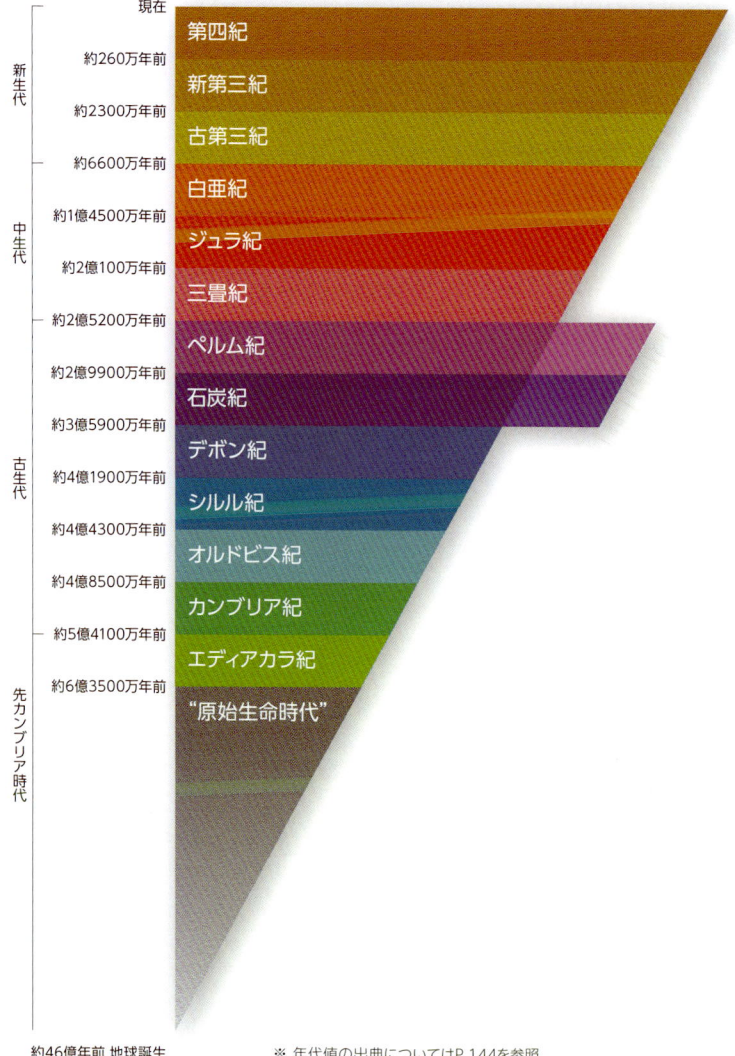
地質年表

第1部
石炭紀

CARBONIFEROUS
PERIOD

第1部　石炭紀

1　ウミユリの園

植物の名をもつ動物群

ユリ【百合】科
科名 Liliaceae。単子葉類。温帯から熱帯まで広く分布。多くは多年生草本。根茎、塊茎、球茎、鱗茎をもつ。外花被3枚、内花被3枚、おしべ6本、子房上位。胚珠は多数、果実は蒴果、または液果。花が大きく美しいものが多いため、チューリップやユリなど園芸品として広く親しまれている（東京化学同人『生物学辞典』）。

　上で紹介したのは、日本でも馴染みの深い、チューリップなどの「ユリ科植物」に関する説明文だ。
　……しかしじつは、この説明文は、これから紹介する動物とはまったく関係がない。章題にあるように、本章で見ていくのは「ウミユリ類」。「ユリ」の名をもつものの、植物ではなく、棘皮動物の仲間である。
　棘皮動物そのものは、古生代カンブリア紀からの歴史がある。現生種はヒトデ類、クモヒトデ類、ナマコ類、ウニ類、そしてウミユリ類の五つのグループで構成されている。これらのグループのなかで、ウミユリ類の歴史が最も長い。
　植物のユリとは関係がないものの、「ユリ」と付く名称はあながち伊達ではなく、一見するとその姿は植物のように見える。多くは海底に付着して茎を上方へとのばし、その先には、まさにユリの花を彷彿とさせる萼をもつ。そして、その萼から腕がのびる。腕の本数は種によって異なり、多様である。腕を広げることで、海中を漂うプランクトンや有機物を捕らえて食べる。
　「現生種の五つのグループ」に挙げたことからわかるように、ウミユリ類は現在も生きている。おもに深海の底で確認できる動物だ。しかし、その多様性は地質時

代の方が圧倒的に高い。とくに、古生代はウミユリの全盛期であり、その海底のようすを語るときにウミユリは欠かすことができない。そのようすは「ウミユリの草原」とよばれることもある。

そんな古生代のなかでも、ウミユリの多様性が最も高くなるのが、本書のテーマの一つ、石炭紀である。約3億5900万年前に始まり、約2億9900万年前まで続いた古生代第5の時代だ。なお、「石炭紀（Carboniferous）」という名称は国際的なものだが、アメリカにおいては事情が異なる。アメリカの場合は、約3億2320万年前を境にして、それよりも前の石炭紀を「ミシシッピ紀」、後ろを「ペンシルバニア紀」とよんでいる。

アイオワの"草原"

世界各地のウミユリ化石の産地をまとめた良書として、『FOSSIL CRINOIDS』（著：H. Hessほか、1999年刊行）がある。この本には石炭紀のウミユリ化石産地として、アメリカの四つの地域が収録されている。本章では、『FOSSIL CRINOIDS』を参考に、各地域のウミユリの特徴を紹介していこう。

さて、「アイオワ州」と聞いて、どれだけの日本人が場所を特定できるだろうか？ アイオワ州は中西部の州の一つであり、五大湖の南西に位置し、いわば、アメリカという国の「真ん中のちょっと東」である。東はミシシッピ川が、西はミズーリ川が州境となっている。このアイオワ州の中央に「ル・グランド」という街があり、そこには石炭紀最初期の地層であるハンプトン層が分布する。この地層からは、約3億5500万年前の化石が産出する。

ハンプトン層からは、これまでに数千個体をこえるウミユリ化石が採集されている。群集となって産出する例が多く、当時、いかにこの地にウミユリが"繁茂"していたのかがよくわかる。1930年代には、1畳の3分の2ほどの面積に密集した200をこえるウミユリからなる化石群が発見されている。

ハンプトン層のウミユリ化石にはもう一つ特徴がある。それは、非常に色彩が豊かということだ。1-1-1 黒色、茶褐色、クリーム色、白色などのさまざまな色がついている。これらは生きていた時のそのものの色ではなく、化石ができる過程で自然に"着色"されたものだ。1か所の産地で、文字通り「多彩な」ウミユリ化石にこんなに出会うというのは珍しい。

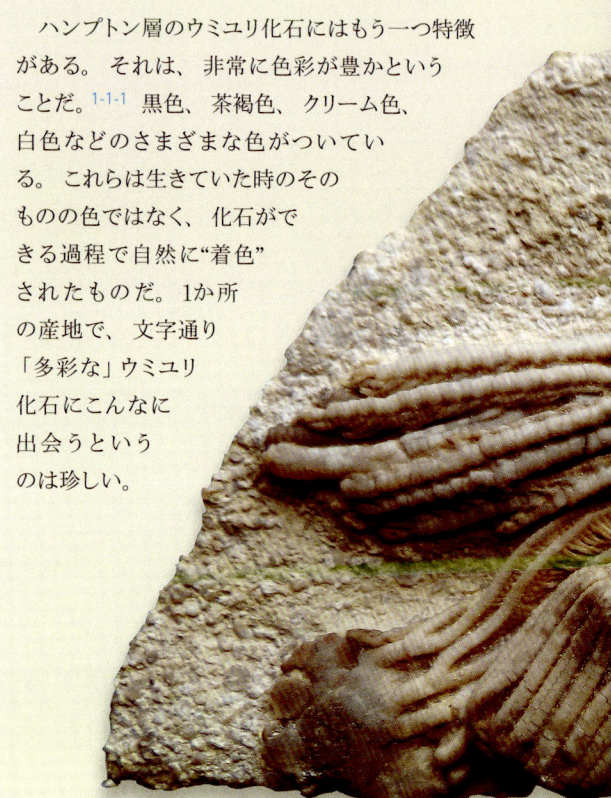

▶ 1-1-1
多彩なウミユリ化石
アメリカ、アイオワ州ル・グランドに分布するハンプトン層から産出したウミユリ化石のプレート(母岩長辺の長さが約10cm)。白色、クリーム色、茶色、そして黒色などいろいろな色になっている。
(Photo:オフィス ジオパレオント)

アイオワ、イリノイ、ミズーリの"草原"

アメリカ中西部の各州の位置関係を見ると、アイオワ州の南にはミズーリ州があり、アイオワ州南部、ミズーリ州の東にはイリノイ州がある。イリノイ州とアイオワ州・ミズーリ州の州境には、ミシシッピ川が流れている。

このミシシッピ川に沿って分布するのが、バーリントン石灰岩層だ。年代は約3億4500万年前のもので、ル・グランドのハンプトン層が堆積した直後の時代である。

バーリントン石灰岩層は、石炭紀のウミユリ類の多様性を物語る最も代表的な地層である。この地層からは、1943年の時点ですでに400種以上のウミユリが報告されていた。『FOSSIL CRINOIDS』では、「その場所に分

アメリカ中西部の州
アメリカ中西部の各州の位置。この4州では、石炭紀のウミユリ類の化石が多産する。

▲▶ 1-1-2
**ウミユリ類
ドリクリヌス**
Dorycrinus

"武装化"したウミユリ類。萼から周囲に向かって太いトゲがのびる。写真は、ミズーリ州ラルス郡から産出した萼の化石。左右にのびているトゲの端から端までの長さが約7cm。
(Photo：オフィス ジオパレオント)

布するほかのどの時代の地層よりも高い多様性をもつ」とされている。ちなみに、ウミユリ類だけではなく、ウミツボミ類（同じく棘皮動物で絶滅しているグループ）も、17属以上が報告されている。この数は、全ウミツボミ属の20％以上におよぶ。

バーリントン石灰岩層を代表するのは、がっしりとした萼をもつウミユリ類たちである。そのため、この地では腕や茎よりも萼が化石として残りやすい。

一風変わったものとして**ドリクリヌス**（*Dorycrinus*）を紹介しておこう。1-1-2 このウミユリは、萼から周囲に向かって5本の鋭いトゲがのびているのだ。似たような姿の種が多いウミユリ類のなかで、ここまで"武装化"しているものは珍しいといえる。バーリントン石灰岩層ではその腕はあまり化石に残らないが、ほかの産地で確認されるドリクリヌスを見ると、腕の隙間からもトゲが突き出ているのがよくわかる。

インディアナの"草原"

アメリカ中西部の話が続く。イリノイ州の東に位置し、北は五大湖の一つであるミシガン湖に接しているのがイ

▶ 1-1-3

**ウミユリ類
バリクリヌス**
Barycrinus

イリノイ州、クラフォーズビルに分布するエドワーズビル層から産出した化石。この標本は、本種としては小型だが、それでも萼と腕を足した長さだけで約7cmになる。大きなものでは15cmをこえる。エドワーズビル層のウミユリ化石は、こうした"大型種"が多い。
(Photo：オフィス ジオパレオント)

ンディアナ州だ。この州もまた、ウミユリの化石を多産することで知られている。

　州都インディアナポリスから西北西に60kmほど進むと、クラフォーズビルという街がある。このクラフォーズビルの周辺地域には、「エドワーズビル層」とよばれる地層が分布している。この地層は石炭紀前期のもので、その年代は約3億4000万年前。バーリントン石灰岩層よりもちょっとだけ新しい。クラフォーズビル周辺では、このエドワーズビル層やその下部の地層からも化石を採集することができる。

　クラフォーズビルのウミユリ類は、少なくとも42属63種が発見されている。数こそバーリントン石灰岩層のウミユリ群にはおよばないものの、石炭紀前期の主要なグループはすべて産出するといっていい。

13

クラフォーズビルのウミユリを特徴づけるのは、その サイズだ。これまでに紹介してきたウミユリ類の多くは、 その萼と腕を足したサイズが数cm〜10cm未満だった。 しかし、クラフォーズビルからは、10cm以上の種がい くつも確認されているのである。たとえば、**バリクリヌ ス**(*Barycrinus*)のそれは15cm以上になる。1-1-3

その保存性の高さからか、ちょっと目をひくようなウ ミユリ類が多いのもクラフォーズビルの特徴だ。たとえ ば、**ギルバーツオクリヌス**(*Gilbertsocrinus*)は、萼がまる で饅頭のようにつぶれていて、その下にさらに小さな 突起がある。1-1-4 そしてなぜか、腕がその萼を覆うよう にして化石として残る例が多い。

また、**マクロクリヌス**(*Macrocrinus*)などは、萼の大き さは数cmかそれ以下という小型のウミユリ類だが、そ の萼の何倍もの長さの「アナルチューブ」がある。1-1-5 これは、その名の通りの代物だ。萼の上面からのびた 肛門で、自分の排泄物を自分で食べないように、萼に ある口から離れたところへ排泄できるという優れモノで ある。

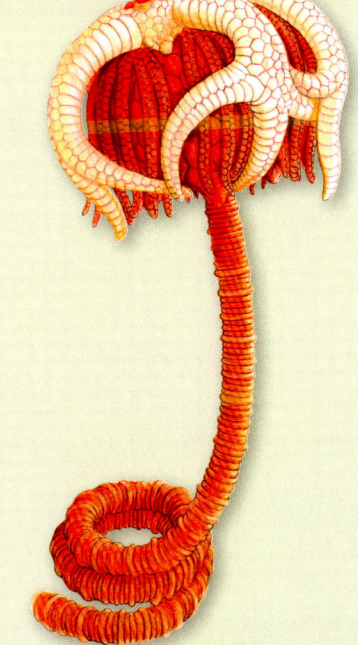

▶1-1-4

ウミユリ類
ギルバーツオクリヌス
Gilbertsocrinus

腕が萼を覆うようにして化石に なる例の多いウミユリ。萼の高さ (饅頭のような部分の厚み)が約 3.5cm。エドワーズビル層から化 石が産出する。

14 | 第1部 ● 石炭紀

アナルチューブ

◀ 1-1-5

**ウミユリ類
マクロクリヌス**
Macrocrinus

イリノイ州、クラフォーズビルに分布するエドワーズビル層から産出した化石。母岩の長辺が7cm。この母岩には2種のウミユリ化石が乗っており、マクロクリヌスは茎をU字にした大きな方の個体。萼からはアナルチューブがのびる。
（Photo：オフィス ジオパレオント）

　クラフォーズビルのウミユリ化石の保存の良さを示す数値がある。
　それは、「46%」という値。
　この値は、クラフォーズビルで発見されているウミユリ類約63種のうちの約46%に当たる29種が、完全体か完全体に近い標本で発見されていることを示している。ウミユリ類をはじめ、棘皮動物は死後バラバラになりやすい。そのことを踏まえれば、この数値はかなり驚異的といえる。
　こうした保存率の高さから、ウミユリ類の生態がいく

つもわかってきた。たとえば、同じ場所から茎をのばすウミユリ類たちは、茎の長さを調整し、高さを変えることでたがいの餌が競合しないようにしていた。背の低いウミユリ類は海底近くの有機物・プランクトンを捕らえ、背の高いウミユリ類は海底から離れたところの有機物・プランクトンを捕らえていたのである。

■ イリノイの"草原"

もう一つ、アメリカ中西部からウミユリ化石の産地を紹介しておこう。イリノイ州には、約3億年前の地層、「ラサル石灰岩層」がある。これまで紹介してきた地層はいずれも石炭紀前期のものだったが、ラサル石灰岩層は石炭紀後期のものとなる。

ラサル石灰岩層からは、32属38種のウミユリ類が発見されている。ラサルのウミユリ類には、腕が分岐している種がいくつも確認される。たとえば、**アポグラフィオクリヌス**(*Apographiocrinus*)は、各腕の根元に分岐があり、合計10本の腕をもっている。[1-1-6] ほかにも、30本の腕をもつ種なども確認されている。

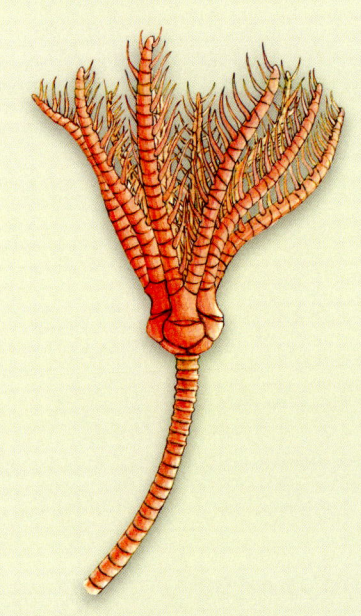

▶1-1-6
ウミユリ類
アポグラフィオクリヌス
Apographiocrinus
イリノイ州、ラサル石灰岩層から化石が産出するウミユリ類。萼から腕の先までの長さが2〜3cm。腕が根元から分岐している。

腕の本数の差は、「いかに獲物を捕らえるか」という、そのフィルター能力に関わってくる。種による差があるということは、それだけ生態の多様性があったことを意味しており、このことは棲み分けに影響していたのではないか、とみられている。

棘皮の進化史

棘皮動物の歴史は、1984年に大英自然史博物館のC・R・C・ポールと、A・B・スミスによってまとめられた研究がよく知られている。

ウミユリ類をはじめとする棘皮動物の歴史は、カンブリア紀にまで遡る。カンブリア紀には、三つの棘皮動物がいたとされる。それが「海果類（カルポイド類）」「螺板類」「原始的な座ヒトデ類」だ。

棘皮動物といえば、その構造は「五回対称」が基本である。体の構造が72度ごとに繰り返すという独特の特徴だ。しかし、カンブリア紀から確認される三つの棘皮動物のうち、海果類と螺板類はこの特徴をもっていない。海果類はハタキのような姿をしているが、体の前後さえもわからない謎に包まれた動物だ。螺板類の方は、ラグビーボールのような姿をしている。

原始的な座ヒトデ類はというと、マフィン（紙カップ入り）のような形をしており、その上面にヒトデが貼り付いたような姿をしている。アメリカのペンシルバニア州から産出する**カンプトストローマ**（*Camptostroma*）1-1-7 がその代表だ。

棘皮動物はその後、それぞれの道に分かれて進化し、座ヒトデ類（絶滅グループ）やウミリンゴ類（絶滅グループ）、ウミユリ類、ヒトデ類、クモヒトデ類、ウニ類、ナマコ類などさまざまなグループが登場して、栄枯盛衰を繰り広げていくことになる。なお、ここで挙げた棘皮動物のなかで、座ヒトデ類とウミリンゴ類については、本シリーズ第2巻の『オルドビス紀・シルル紀の生物』に復元イラストと化石画像を掲載しているので、ぜひそちらもご覧いただきたい。

▲1-1-7
**原始的な座ヒトデ類
カンプトストローマ**
Camptostroma
カンブリア紀に生息していた棘皮動物の一つ。上面にヒトデのような構造が確認できる。化石は、アメリカのペンシルバニア州から産出する。

17

第1部　石炭紀

2 そのとき脊椎動物は……

多様化するサメ類とその仲間たち

　石炭紀の海で、急速に勢力を拡大させていたのが、サメの仲間（軟骨魚類）だ。
　サメ類はシルル紀に出現し、デボン紀後期には世界中の水域で80種を数えるほどの多様性を獲得していた。

加えてデボン紀に繁栄していた板皮類との生存競争を勝ち抜き、「石炭紀はサメ類の時代」といえるほどの地位を確立した。

そんな多様な石炭紀のサメたちのなかには、現在の私たちから見ればなかなか珍妙な種も少なくない。本書では、そんな変わりモノを中心に、いくつかの種を紹介しよう。

この時代のサメ類のなかで最も異彩を放っているのは、スコットランドの地層から発見された**アクモニスティオン**(*Akmonistion*)だろう。背中に、アイロン台のような構造を"背負った"サメ類である。1-2-1

アクモニスティオンは、2001年にユニヴァーシティ・カレッジ・ロンドンのM・I・コーテスと、S・E・K・セクイエラが報告した種で、全長は60cmほどである。後頭部から飛び出した構造物は、高さ10cmほどで、長さも10cm。その先端は水平方向に広がっている。そしてその表面には、歯のような突起のある鱗がびっしりと並ぶ。ゆえに、「トゲだらけのアイロン台」をイメージしてもらうのが、おそらく最もしっくりくる。ちなみに、こ

▼1-2-1
軟骨魚類
アクモニスティオン
Akmonistion

スコットランドの地層から産出したサメの化石。全長62cmにおよぶ全身が確認できる貴重な標本である。この化石に基づく骨格図や復元図は次ページにて。
(Photo：The Hunterian, University of Glasgow 2014)

19

アクモニスティオンの骨格図と復元図
骨格図は上段が上面から見たもので、下段は側面からのものである。骨格図はMichael I. Coatesの提供。

のアイロン台はもともとは背びれだったとされている。

アクモニスティオンほどではないが、やはり独特の構造をもったサメ類として**ファルカトゥス**(*Falcatus*) 1-2-2 がいる。アメリカのモンタナ州の中部には、「ベア・ガルチ石灰岩層」という良質の魚類化石を産出する地層がある。ファルカトゥスは、この地層で最も多産するサメ類で、大きさは大きいもので30cmほど。アクモニスティオンの半分くらいのサイズだ。

ファルカトゥスの最大の特徴は、頭部にある。

20 | 第1部 ● 石炭紀

◀▲ 1-2-2

軟骨魚類
ファルカトゥス
Falcatus

上は、アメリカ、モンタナ州のベア・ガルチ石灰岩層から産出した化石。雄の標本で、後頭部から突き出た突起がはっきりと確認できる。標本長20cmほど。左は雌雄の復元図（雄が上、雌が下）。頭後部にある突起のほか、顔つきなども雌雄で異なる。
(Photo：UMPC6956-B, University of Montana Paleontology Center)

▲▶ 1-2-3

軟骨魚類
ハーパゴフトゥトア
Harpagofututor

アメリカ、モンタナ州のベア・ガルチ石灰岩層から産出した化石。上段が雄、下段が雌。雄の標本はうっすらと頭部の突起が見える。標本長は雄が16cm、雌が10cm。右ページはその復元図。
(Photo：John P. Adamek, Fossilmall.com)

後頭部のすぐ後ろに"マイク台とそこに設置されたマイク（よく記者会見で見かけるアレである）"のような突起構造があるのだ。この突起は前方を向いている。

　ベア・ガルチ石灰岩層から産出された魚類化石のなかには、2匹のファルカトゥスがまるで寄り添うようになって発見されている標本がある。これはひょっとしたら交配中のものかもしれない。ポイントは、"マイク台とマイクのような突起"は、雄とみられる個体しかもっていないということだ。1985年にアメリカ、アデルフィ大学のリチャード・ルンドは、この突起が交配の際に何かの役に立っていたのではないか、と指摘している。ひょっとしたら、雌を惹きつけることに使われていたのかもしれない。

　2009年にアメリカ自然史博物館のジョン・G・メイジーが、アクモニスティオンやファルカトゥスに見られる独特の構造について、近縁種を含めた検証を行った。その結果、こうした特徴はいずれの種でも雄だけがもつものであること、そしてこうした特徴をもつものは、すでに性成熟していることを明らかにした。

　こうした「性的二型（雄と雌で姿が異なること）」は、同時代に生きていたサメ類に近縁な軟骨魚類にも確認することができる。たとえばファルカトゥスと同じようにベア・ガルチ石灰岩層から発見されている、体長12cmほどの**ハーパゴフトゥトア**（*Harpagofututor*）は、頭部から後方に向かってのびる1対2本の細長い構造物を、雄だけがもっている。[1-2-3] この構造は、交配時に雌と連結するときに、雌を押さえるなどの役割を果たしたとみられている（念のために書いておくと、多くの魚類は体外受精だが、軟骨魚類は体内受精を行う）。
　もう1種、同じくベア・ガルチ石灰岩層から産出する珍妙な軟骨魚類として、**ベラントセア**（*Belantsea*）を紹介

▶ 1-2-4

**軟骨魚類
ベラントセア**
Belantsea

巨大な胸びれ、低く鋭利な歯などいろいろと"変わった特徴"をもつ。獲物を噛み砕く力があったとされる。全長は60cmほど。

▼▶ 1-2-5

**シーラカンス類
カリドスクトール**
Caridosuctor

アメリカ、モンタナ州のベア・ガルチ石灰岩層から産出した化石。標本長約20cm。右端にうっすらと見える、尾びれの位置に注目されたい。右ページは復元図。
（Photo：UMPC6021-B, University of Montana Paleontology Center）

しておきたい。1-2-4 体長60cmほどのこの魚は、まず扇のように広がった大きな胸びれが目に入る。体の大きさと比べて、じつにアンバランスだ。また、ベラントセアにはもう一つの特徴がある。それは歯の形である。低く鋭利にできており、獲物を噛み砕くことに向いていた。

あれもこれもシーラカンス類

　デボン紀前期に登場したシーラカンス類は、デボン紀末〜石炭紀前期にかけて最初の繁栄期を迎えようとしていた。

　本書では、この時代のシーラカンス類から2種をピックアップして紹介しよう。

　まずは、アメリカのモンタナ州から化石が産出している**カリドスクトール**（*Caridosuctor*）である。1-2-5 全長20cmほどのシーラカンス類だ。一見すると、現生の「ラティメリア（*Latimeria*）」に似た姿かたちをしているが、カリドスクトールはより細長い体と小さな頭をもっている。第3背びれと第2臀びれの間から、にょきにょきっと細く長く小さな尾びれがのびているのが特徴だ。

　もう一つの種の名前は**アレニプテルス**（*Allenypterus*）である。1-2-6 同じく、アメリカのモンタナ州産だ。全長は10cm台半ばである。アレニプテルスは、「本当にシーラカンス？」という疑問を投げかけられそうな姿のもち主だ。何も知らなければ「タイ（鯛）？」とも思うかもしれない。全長に対して、頭部後ろ付近の体高がやたら高いのである。おまけに第3背びれも広く、尾びれへと続く。眼はぎょろんと大きく、吻部は寸詰まり。ほかにも、顎に歯がない、腹部の鱗が丈夫であるなどと、さ

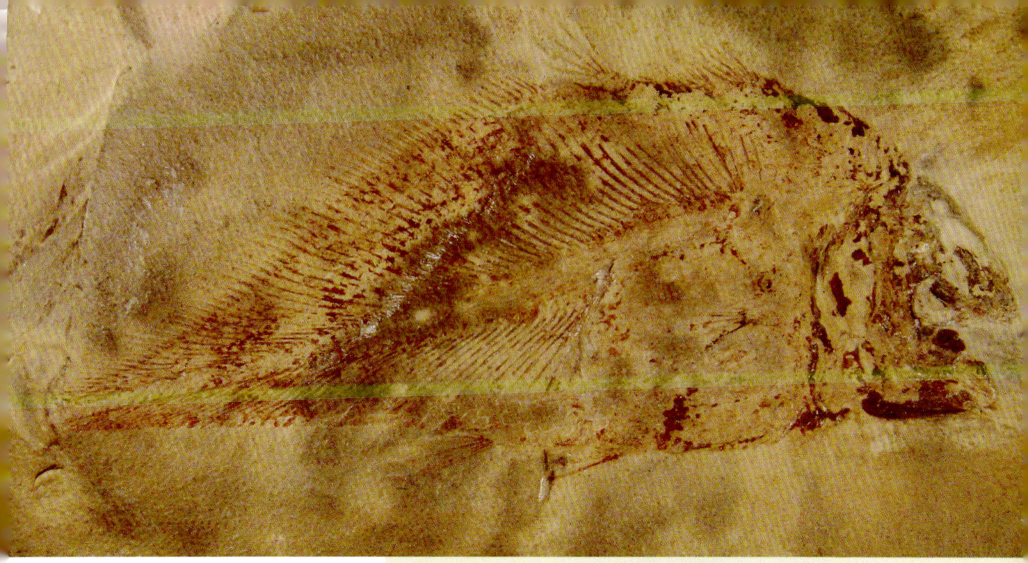

▲▶ 1-2-6
シーラカンス類
アレニプテルス
Allenypterus

アメリカ、モンタナ州のベア・ガルチ石灰岩層から産出した化石。全長10〜20cm。現生のタイを彷彿とさせるが、これでもシーラカンスの仲間。右は復元図。
(Photo：UMPC2555-B, University of Montana Paleontology Center)

まざまな特徴がある。腹部の鱗が頑丈なことから、海底付近で生活していたと指摘される。

シーラカンス類は、この後ペルム紀前期に向かって種数を減らしていく。しかし古生代が終わって中生代が明けると、再び数を増やすことになる。

ベア・ガルチ石灰岩とは？

ここまでに紹介した魚類のうち、ファルカトゥス、ハーパゴフトゥトア、ベラントセア、さらにカリドスクトールもアレニプテルスも、「ベア・ガルチ石灰岩層」から化石が見つかっている。

では、ベア・ガルチ石灰岩層とはどのような地層なのか？ ここでその情報を簡単にまとめておきたい。

2002年に刊行された『EXCEPTIONAL FOSSIL

PRESERVATION』という1冊の本がある。この本は文字通り「例外的な (exceptional) 化石保存」がされている世界中の化石産地をまとめたもので、ベア・ガルチ石灰岩層に関しては、アメリカ、アマースト大学のジェームズ・W・ハガードンが執筆している。

ハガードンによれば、ベア・ガルチ石灰岩層は、知名度こそ高くはないが、実は世界で最も保存良く魚類化石群を残している地層の一つであるという。その保存の良さは、本章ですでに見てきたとおりだ。ここに挙げた標本以外にも、血管が残っていたり、臓器の一部が確認できたりするなど、ほかの化石産地の魚類ではなかなか確認できないレベルの保存性を誇っている。

アメリカのモンタナ州中南部に分布するこの地層は、石炭紀当時、水深およそ40mの浅い海だったとみられている。おそらく大河の河口か、あるいは湾だった、と指摘されている。魚類だけではなく、蠕虫やカブトガニの仲間も生息する豊かな海だった。そしてその生態系のトップにサメたちが君臨していたのだろう。

この海で動物たちは、時折発生する乱泥流に巻き込まれて瞬時に窒息し、泥に埋もれ、保存状態の良い化石として残された。この乱泥流があまりにも急激なものだったために、食べかけの死体までも保存されることになったという。

両生類、"橋頭堡"を築く

一方、陸上では、デボン紀末期に上陸作戦を展開した脊椎動物が、石炭紀になってゆっくりと、しかし確実に足場を固めつつあった。

石炭紀における両生類の初期進化については、ごく最近まで謎に満ちていた。それというのも、デボン紀末期の地層から**アカントステガ**(*Acanthostega*) 1-2-7 や**イクチオステガ**(*Ichthyostega*) 1-2-8 の化石が発見され、「さあ、陸上脊椎動物の物語が始まるぞ」と思ったら、その後の時代の地層からは、四足動物の化石がまったくといっていいほど発見されなかったからだ。20世紀の終わりま

▲1-2-7
両生類
アカントステガ
Acanthostega
最初の四足動物。

▲1-2-8
両生類
イクチオステガ
Ichthyostega
最初の陸上四足動物。

27

で、イクチオステガの次のステップとなる四足動物の化石が産出する地層は、イクチオステガからじつに2000万年以上が経過した地層、という状況だった。

2000万年というと、すでに石炭紀の全期間の最初の3分の1を過ぎている。この2000万年間の空白は、これを最初に指摘したアメリカの著名な古生物学者であるアルフレッド・S・ローマーにちなんで「ローマーの空白」とよばれてきた。

2002年になって、ようやくローマーの空白が埋められた。イギリス、ケンブリッジ大学のジェニファ・クラックが、スコットランド西部の石炭紀初期(約3億5000万年前)の地層から発見された**ペデルペス**(*Pederpes*)を報告したのである。1-2-9 ちなみに、クラックはこの化石をフィー

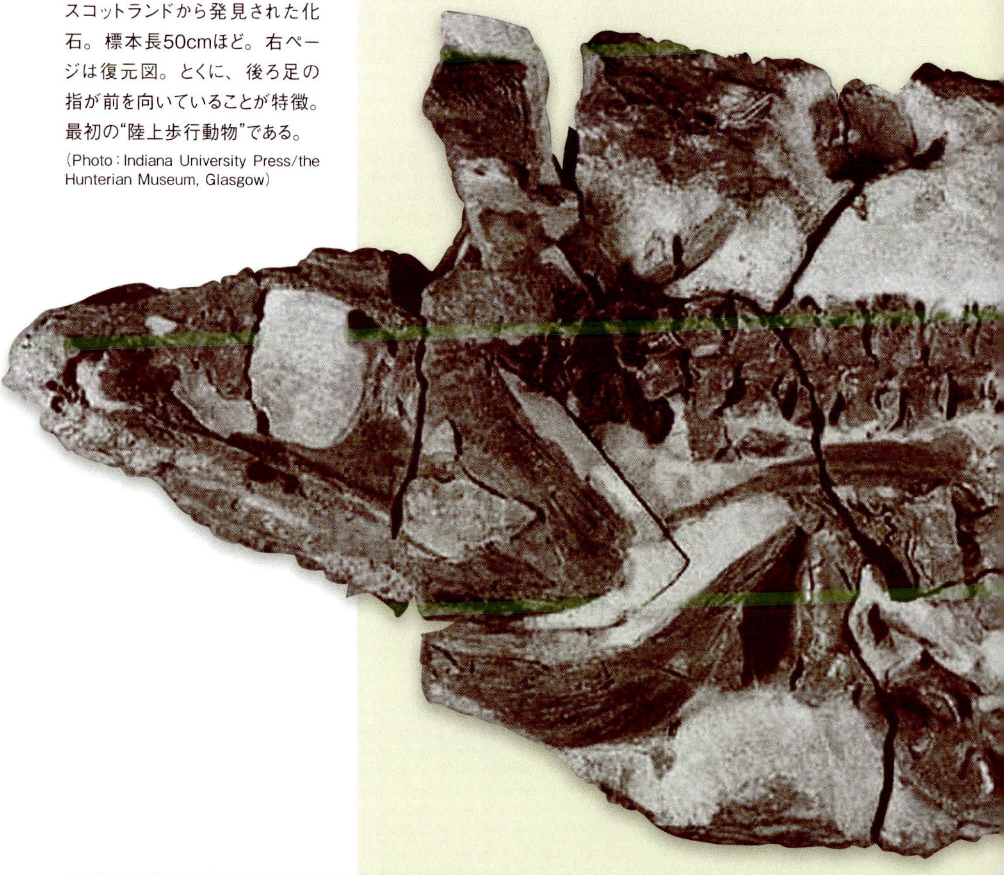

両生類
ペデルペス
Pederpes

スコットランドから発見された化石。標本長50cmほど。右ページは復元図。とくに、後ろ足の指が前を向いていることが特徴。最初の"陸上歩行動物"である。
(Photo: Indiana University Press/the Hunterian Museum, Glasgow)

ルドで発見したのではない。彼女の学生がイギリスの博物館の収蔵品を調べていたところ、魚類とされていた化石が四足動物であることが判明したのである。

ペデルペスの化石は、尾と前脚の一部こそ欠損しているものの、標本長50cmほどで、頭部から腰、そして後脚がよく残っていた。このうち、注目されたのは後ろ足の指だ。5本の太い指があり、その指は前を向けることが可能だったのである。

アカントステガなどの初期両生類を見ると、指はあるものの外側に向いていた。これでは陸上を「歩行」することは難しい。現生の陸上歩行動物を見てもよくわかるが、四肢の指は前を向いていることが望ましいのだ。

ペデルペスの前を向いた指先は、体重をしっかりと支えることができたとみられている。そのためペデルペスは、これまでに化石が発見されているなかで、「歩行」の証拠がはっきりと確認できる最古の陸上脊椎動物と位置づけられている。

ペデルペス以降、多くの両生類が出現し、石炭紀の陸上世界に確固たる地位を築いていった。彼らは卵を水中に産み、幼体時は水中で過ごす。そのため、水辺を大きく離れることはできない。それでも両生類の発展は、のちの陸上脊椎動物にとって確固たる"橋頭堡"となったのだ。

多様な両生類たち

石炭紀の両生類のなかに、ちょっと変わったものがいたので紹介しておきたい。まずは、**レティスクス**（*Lethiscus*）である。1-2-10

ペデルペスが発見されるまでは最古の陸上四足動物といわれていた種だ。ただし、「四足動物」といわれながらも、レティスクスは四肢をもたない。まるでヘビのような姿をしているのである。現生のヘビ類は、かつては四肢をもっており、その四肢が退化して現在のような姿になったと考えられている（念のために書いておくと、ヘビ類は爬虫類である）。同じように、レティスクス

◀ 1-2-10
両生類
レティスクス
Lethiscus
ヘビのように見える両生類。頭部の大きさが3cmほど。祖先には手足はあったが、本種は2次的に（つまり進化によって）四肢を失ったとみられている。スコットランドから化石が発見されている。

もかつて四肢をもっていたとみられている。ただし、レティスクスが当時どのように暮らしていたのかは、まったくの謎とされている。

さらに2種、紹介しておこう。

1種は、スコットランドのエディンバラにほど近い炭坑などから化石が発見されている**クラッシギリヌス**（*Crassigyrinus*）である。1-2-11

クラッシギリヌスもまた、見た目にインパクトがある両生類だ。全長は2m弱。大きな顔と長い胴、長い尾をもっている。特徴的なのは四肢だ。体の割に、妙に細く短いのである。とくに前脚にいたっては「愛らしい」と表現したくなるほどに小さい。長さにして10cm前後というところである。大きなあごの内部には、びっしりと2列になった歯が並び、とくに内側には牙ともいえるような大きな歯が、左右に5本ずつあった。この歯列構造は、クラッシギリヌスが獰猛な捕食者だったことを物語

▶1-2-11
両生類
クラッシギリヌス
Crassigyrinus
陸上生活に適応した祖先から進化して、水中に"帰ってきた"とみられる両生類。小さな手足をもつ一方で、口には鋭い歯が並ぶ。

る。体形からいって、水中世界で幅をきかせていたのだろう。

　クラックは、この奇妙な両生類は、二次的に（つまり進化の結果として）水中適応したものだと指摘している。陸上生活を送る動物たちが水中に"帰る"という例は、のちの時代のほかの動物群にも見ることができる。たとえば、中生代には爬虫類のなかから海に帰るものが数多く現れた。そのなかで現在まで"命脈"を保っているものにカメ類がいる。新生代にはクジラ類や鰭脚類（アシカのなかま）が陸から海へと帰っている。クラッシギリヌスもこうした「水に帰った」ものの仲間とみなされるという。石炭紀における両生類の多様化ぶりを物語る種である。

　もう1種は、アメリカ西部とドイツから化石が発見されている**ディアデクテス**（*Diadectes*）だ（当時の地図はP. 54を参照）。1-2-12 この種もまた「本当に両生類か!?」と思わ

32 ｜ 第1部 ● 石炭紀

▲1-2-12
両生類？
ディアデクテス
Diadectes
両生類と爬虫類の両方の特徴をもつ(便宜上、両生類とされる)。全長3m。はっきりと「植物食動物」とわかる最古の存在。

ずつっこみたくなる動物で、3m前後の全長があり、ずっしり、がっしりとした体格をもっている。

　ディアデクテスのポイントは、歯だ。口先に8本の鉛筆のような歯が並んでいるのである。この歯を熊手のように使うことで、植物をこそぎ取って食べていたとみられている。すなわち、この両生類は陸上脊椎動物として「植物食」と確実にいえる最古の存在なのである。ずっしりとした体には、植物を消化するための長い腸がつまっていたのかもしれない。

　なお、ディアデクテスは、爬虫類の特徴をも備えている。そのため、アメリカ、コロンビア大学のエドウィン・H・コルバートをはじめとした複数の著者による『脊椎動物の進化 第5版』(2004年刊行)では、「両生類に分類されるのは便宜的にすぎない」と書かれている。

第1部　石炭紀

3 シカゴに開いた"窓"

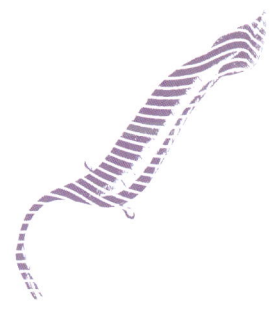

菱鉄鉱の岩塊

「シカゴ」と聞くと、どのようなイメージを思い浮かべるだろう？

社会科的にいえば、五大湖に面した重工業都市。スポーツならば、ホワイトソックス。そして、恐竜ファン視点でいえば……世界で一番有名なティランノサウルス標本「スー」をもつ、フィールド博物館！

そんなシカゴの郊外に、石炭紀後期の世界を覗くための重要な"窓"が開いている。シカゴから南西に直線距離で約90km。イリノイ川の支流にある「メゾンクリーク」だ。

メゾンクリークは、化石産出地としては1世紀以上の歴史をもつ地域で、古くからアマチュア収集家による化石採集が進められてきた。この地域に大きな転機が訪れたのは1950年代末。地域有数の石炭会社となるピーボディがやってくると、南北7km東西2kmの広大な露天掘り炭坑への立ち入りが、地元のアマチュア化石収集家に許可されたのである。以来、「Pit 11」とよばれるこの露天掘りのサイトからは、多種多様、そして大量の化石が採集されるようになった。

このとき、アマチュアとプロの古生物学者の協力体制を築き上げたのが、ユージン・S・リチャードソン・Jr.だ。古生物学者のリチャードソンは、シカゴのフィールド博物館で定期的な勉強会・化石交換会を開催した。これによって、アマチュアの学術レベルの向上をはかるとともに、研究上重要な化石を博物館に集めるようにはたらきかけたのである。この交換会はアマチュアにとっても、最新かつ正確な知識を得ることのできる場所となった。ある意味、プロとアマの理想的な協力関係といえるかもしれない。

メゾンクリークの化石は、「ノジュール」とよばれる岩塊の中にある。もっとも、これはメゾンクリークに限ったものではなく、化石がノジュールの中に入っている例は一般的にいって少なくない。

　メゾンクリークのノジュールは、「菱鉄鉱」とよばれる鉱物でできている。メゾンクリークのノジュールの最大の特徴は、その内部に、軟体性の動物や木の葉がほとんど腐敗せずに、しかも立体的に残っているという点だ。これは世界的に見てもかなり珍しい。

　こうしたノジュールはいかにしてできたのか？　まず、生物の遺骸が海底（当時、この地域は海の底だった）に着底して腐敗する。腐敗することでできた炭酸イオンが鉄と結びつく。そうして沈殿したものが、ノジュールをつくって生物を閉じこめたのではないか、とみられている。

　保存の良さに加え、生物の多様性という視点で見ても、メゾンクリークの注目度は高い。なぜならば、この地域には浅海域、淡水域、そして陸域にかけての動植物の化石が残されているからである。メゾンクリークで発見・報告されている化石は、植物200種以上、動物300種以上にのぼる。

クラゲの化石

　メゾンクリークの動植物に関しては、ノースイースタン・イリノイ大学のチャールズ・E・シャビカとアンドリュー・A・ヘイが編集した『Richardson's Guide to The Fossil Fauna of Mazon Creek』（1997年刊行）と、同じくノースイースタン・イリノイ大学のジャック・ウィッティが近年になって著した『THE MAZON CREEK FOSSIL FLORA』（2006年刊行）および『THE MAZON CREEK FOSSIL FAUNA』（2012年刊行）が詳しい。本章では、これらの書籍を参考にしながら、メゾンクリークの楽しい生物たちを紹介していこう。

　メゾンクリークの化石で最も特徴的なのは、「クラゲ」の化石だ。

　少しでも化石に興味のある人であれば、「クラゲって

◀▲ 1-3-1
刺胞動物類
エッセクセラ
Essexella
最大サイズ15cmのクラゲ。Pit 11で多産する化石の一つ。長い"スカート"をもつ。写真は、豊橋市自然史博物館所蔵標本。
(Photo：安友康博/オフィス ジオパレオント)

化石に残るの?」と思われるだろう。なぜならば、化石に残りやすいのは一般的に硬組織で、軟組織はきわめて残りにくいからだ。クラゲという、軟組織もきわまったような動物が化石になるというのは、実際のところかなり珍しい。

　メゾンクリークでもまさかクラゲが化石として残るとは思われていなかったようで、長い間、クラゲの化石が入ったノジュールは、その真価を認められることなく、廃棄されていた。それがリチャードソンたちによる再研

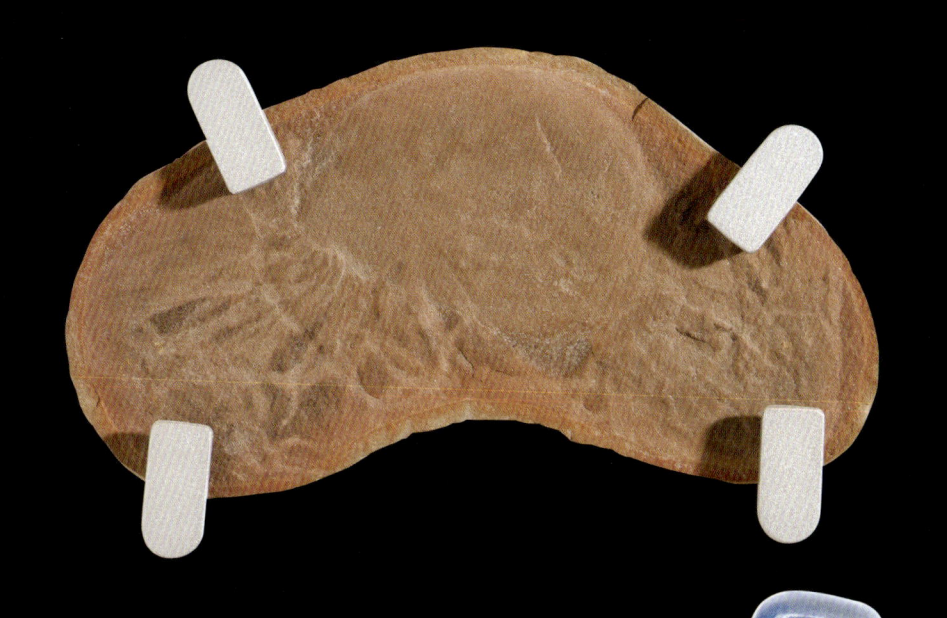

▲▶ 1-3-2
刺胞動物類
アンスラコメデューサ
Anthracomedusa

最大サイズ10cmほどのクラゲ。現生のオーストラリアウンバチクラゲに似る。写真は本中央の傘の左右に触手が確認できる、豊橋市自然史博物館所蔵標本。
（Photo：安友康博/オフィス ジオパレオント）

究の結果、価値が見直され、世に知られることになったのだ。

　3種のクラゲを紹介しておこう。

　最も多産するのは、**エッセクセラ**(*Essexella*)だ。1-3-1 最大サイズは15cmになる。円筒形で、傘とスカートをもち、スカートの中には多数の触手がある。

　アンスラコメデューサ(*Anthracomedusa*)は、立方体の傘をもち、"底面"の四つの頂点からはそれぞれ24～30の触手がのびる。1-3-2 最大サイズは10cm、最小サイズは

▲▶ 1-3-3
刺胞動物類
オクトメデューサ
Octomedusa
最大サイズ2cmほどのクラゲ。円盤状の傘をもつ。写真は、このクラゲを上面(あるいは底面)から見た豊橋市自然史博物館所蔵標本。
(Photo:安友康博/オフィス ジオパレオント)

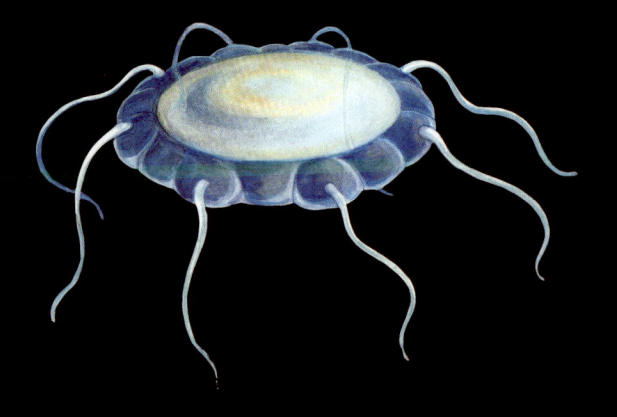

2cmと幅広い。この姿は、現在のインド洋やオーストラリアに確認できるオーストラリアウンバチクラゲ(*Chironex fleckeri*)とよく似ている。猛毒をもち、「海のスズメバチ」として恐れられる「殺人クラゲ」である(似ているからといって、アンスラコメデューサが毒をもっていたとは限らないが……)。

吻部

◀▼1-3-4
分類不明
ツリモンストラム
Tullimonstrum

最大体長40cm。写真は、曲がった吻部が確認できる豊橋市自然史博物館所蔵標本。詳細は次ページ本文にて紹介。
(Photo：安友康博/オフィス ジオパレオント)

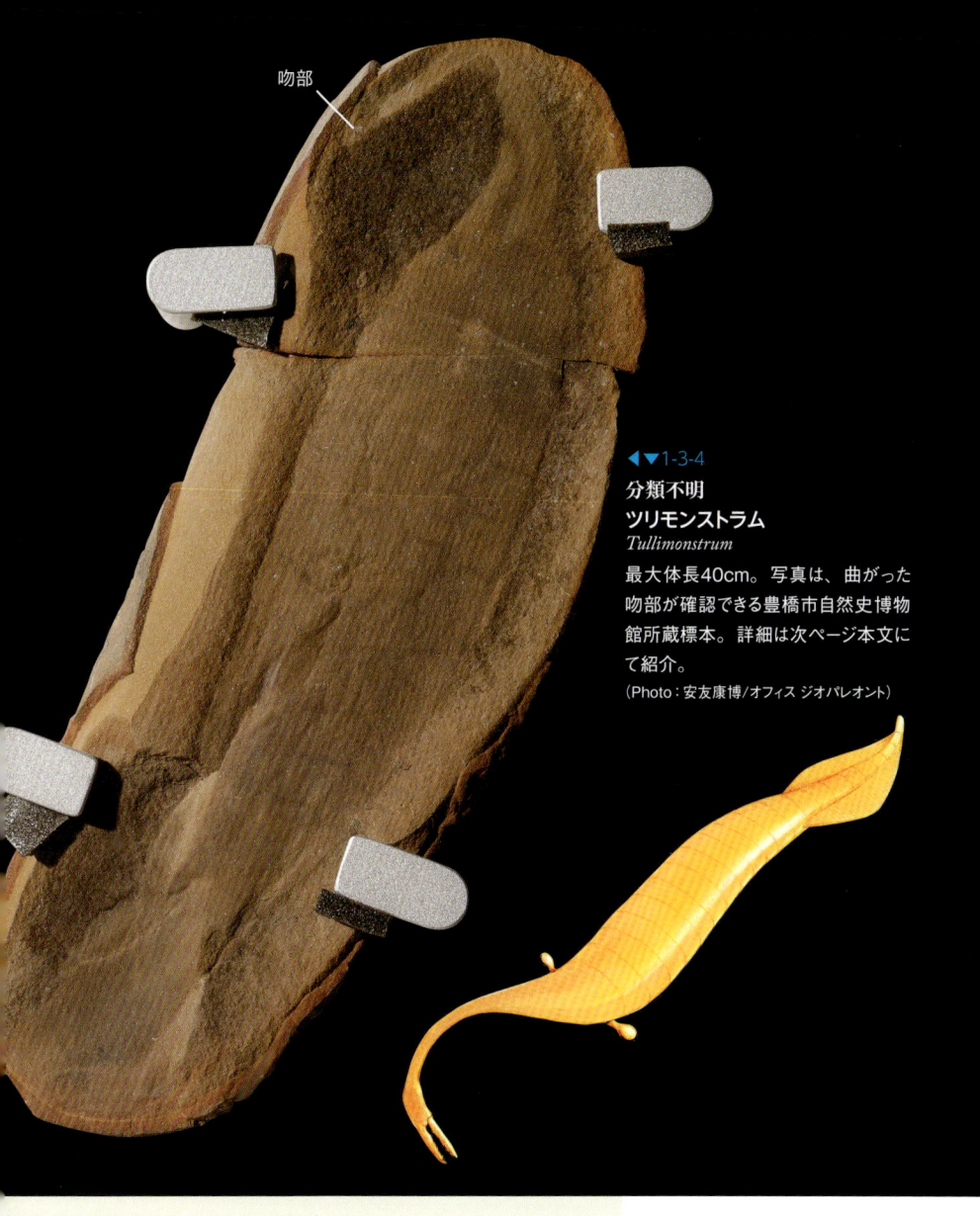

　そして、**オクトメデューサ**(*Octomedusa*)。1-3-3 円盤状の傘をもち、そこから触手を数本垂らしているという姿である。エッセクセラやアンスラコメデューサとは異なり、オクトメデューサは最大でも2cmちょっとという小型種である。

イリノイの"モンスター"と"目玉"

　メゾンクリーク産数百種の化石を代表する古生物を一つ挙げるとしたら？

　間違いなく選ばれるのが、**ツリモンストラム**（*Tullimonstrum*）だろう。[1-3-4]「ターリーモンスター」の異名をもち、公式に「イリノイ州の化石」に認定されているツワモノである。

　ツリモンストラムは、平たく細長い胴体をもつ動物で、胴体には節構造が確認できる。体の前端は細く長くのび、その先には歯のような細かな突起を備えたハサミ構造がある。その長くのびた部分の付け根近くから左右に細い軸がのび、その軸の先には眼が付いている。体の反対側には大きな菱形のひれがある。体長は40cmにおよび、メゾンクリークで発見される古生物のなかではかなりの大型だ。所属不明。生態不明。まったくもって謎の動物である。ちなみに、「ターリーモンスター」の通称は、この化石を発見したアマチュア化石収集家、フランシス・ターリーに由来する。

　ツリモンストラムほどではないけれども、もう2種、インパクトのある動物を紹介しておこう。**コンヴェキシカリス**（*Convexicaris*）[1-3-5]と**コンカヴィカリス**（*Concavicaris*）[1-3-6]である。ともに、一つ眼の珍妙な動物である。節足動物に分類される。

　コンヴェキシカリスは体長2cmほどの動物で、全身をエビのような殻で覆い、その底からは脚（付属肢）が3対出ている。そして、その殻の正面には、水木しげるの『ゲゲゲの鬼太郎』に登場する「目玉おやじ」もかくやといわんばかりの巨大な眼がある。目玉おやじと異なるのは、コンヴェキシカリスのそれが昆虫のような複眼であるということだ。

　コンカヴィカリスもコンヴェキシカリスと似たようなもので、コンヴェキシカリスほど大きくはないものの、正面に大きな複眼がある。コンカヴィカリスの体長そのものは、コンヴェキシカリスよりも少し小さめの1.5cmほどである。両者ともに鋭い付属肢をもっており、体のサ

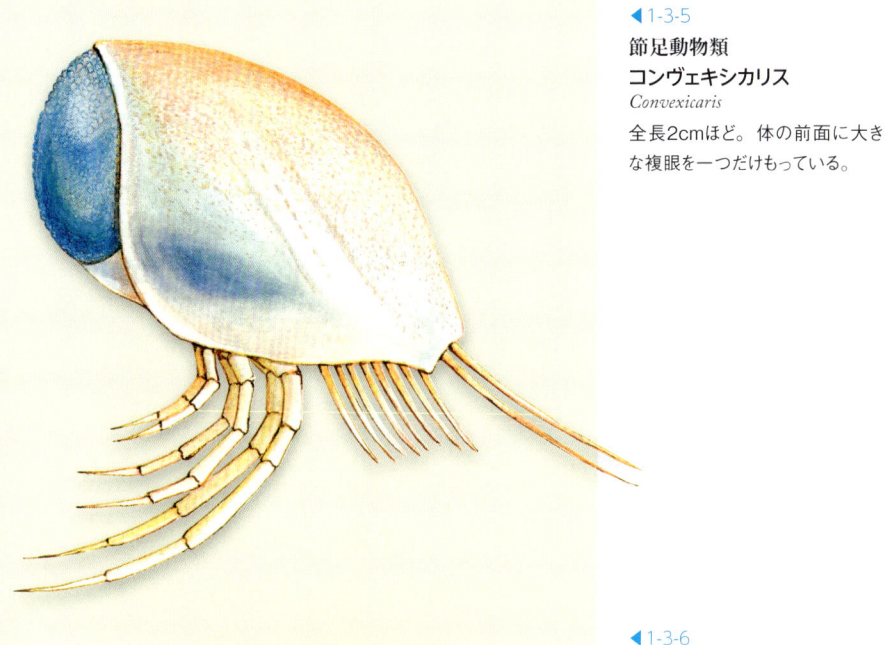

◀ 1-3-5
節足動物類
コンヴェキシカリス
Convexicaris
全長2cmほど。体の前面に大きな複眼を一つだけもっている。

◀ 1-3-6
節足動物類
コンカヴィカリス
Concavicaris
全長1.5cmほど。体の前面に複眼を一つだけもっている。体の大きさも複眼の大きさもコンヴェキシカリスと比べるとやや小柄。

イズのわりには、なかなか手強い捕食者だったとも指摘されている(それにしても、紛らわしい名前の2種である)。
　ツリモンストラム、コンヴェキシカリスにコンカヴィカリス。彼らの存在は、「奇妙奇天烈な古生物」がカンブリア紀の専売特許ではないことを物語る好例といえるだろう。

▶1-3-7
分類不明
エタシスティス
Etacystis
幅7cm。その姿から、「The H」の通称をもつ。刺胞動物類ではないか、という指摘もある。

"H"と"Y"

せっかく奇天烈な古生物を紹介したところなので、定番の動物グループの紹介に入る前に、もう2種ほどここで触れておきたい。

「The H」とよばれる所属不明の動物がいる。高さ・幅ともに7cmと、メゾンクリークの動物としてはなかなかの大きさになる種で、学名を「**エタシスティス**(*Etacystis*)」という。1-3-7 その形はまさにアルファベットの「H」そのものだ。異なる点を挙げると、「H」の横棒の中央付近にハート形の嚢がある。状態の良い化石を見ると、この嚢の付け根の近くに口のような構造があるらしい。「らしい」というのは、先に挙げた書籍に掲載されている標本や、博物館などで見る標本、そして復元図でも、筆者はその構造を確認したことがない。

この種は遊泳性だった可能性も指摘されており、『Richardson's Guide to The Fossil Fauna of Mazon Creek』では、クラゲと同じ刺胞動物類に分類されて

◀ 1-3-8

分類不明
エスクマシア
Escumasia
高さ10cm。その姿から、「The Y」の通称をもつ。海底に付着してくらしていたとみられている。

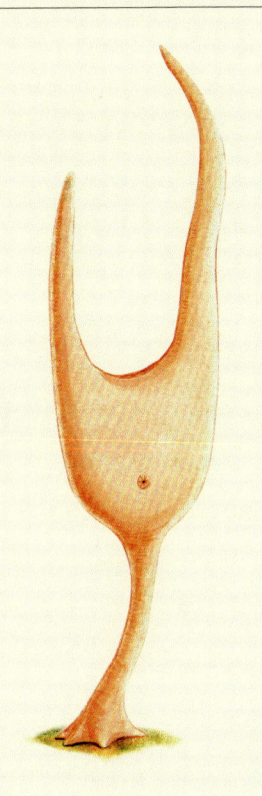

いる。ただし、後年に刊行された『THE MAZON CREEK FOSSIL FAUNA』では、ツリモンストラムと同じく所属不明とされている。

　「The H」と並んで「The Y」があるのがメゾンクリークの面白いところだ。「The Y」の学名を「**エスクマシア**（*Escumasia*）」という。1-3-8　「The H」がそうであるように、本種もアルファベットの「Y」と形がよく似ている。高さ10cm前後と、こちらもなかなかのサイズである。海底に付着するディスクの先には"茎"があり、その先が膨らんで嚢状になっている。この嚢の側面には肛門とみられる構造があり、嚢の上部の両端から1本ずつ腕がのびる。この腕の付け根の間、嚢の上辺（あるいは上面）に当たる位置に、この動物の口があったのではないか、とみられている。この種の分類は不明である。イソギンチャクの遠い親戚ではないか、ともいわれているが、この考えをサポートする証拠は何もない。

▶1-3-9
ウミサソリ類
アデロフサルムス・メゾンエンシス
Adelophthalmus mazonensis

メゾンクリークで唯一確認されているウミサソリ類。大きなものでは、全長20cmにおよぶ。昆虫や小さな魚、ときには両生類も食べていたとみられている。

▲1-3-10
ウミサソリ類
ユーリプテルス
Eurypterus

写真は、シルル紀のアメリカで繁栄したユーリプテルス。パドル状の付属肢をもつ。
（Photo：オフィス ジオパレオント）

ウミサソリとその仲間たち

オルドビス紀に登場し、シルル紀に繁栄したウミサソリ類の化石も、メゾンクリークから発見されている。ただし、たった1種だ。

それが**アデロフサルムス・メゾンエンシス**（*Adelophthalmus mazonensis*）である。1-3-9 アデロフサルムスは、シルル紀に栄えた**ユーリプテルス**（*Eurypterus*）1-3-10 とよく似た姿のウミサソリ類で、小さなパドル付きの付属肢を1対もち、尾の先には尾剣が確認されている。アデロフサルムス属そのものは、古生代後半の海洋世界で大いに繁栄する。しかし、メゾンクリークで発見される標本は、なぜか完全体ではないものばかりである。

ウミサソリと近縁であるカブトガニ類は、3種確認されている。そのなかで代表的な存在が**ユープロープス・ダナエ**（*Euproops danae*）だ。1-3-11 ユープロープスの特徴は後体にある。癒合して1枚の殻となっているものの、体節のような凸構造があるのだ。そして、後体の縁には左右に幅の広いトゲが並ぶ。

一風変わったクモの仲間も発見されている。**ファランギオタービス・ラコエイ**（*Phalangiotarbus lacoei*）1-3-12 に

代表されるムカシザトウムシ類である。ファランギオタルブスは全長2cm弱の大きさで、クモと同じように4対8本の脚（付属肢）をもつ。体全体は木の葉のような形状をしており、後体の前半部には節構造がある。前体がハート形で、その体軸上に2列になって合計6個の眼が並ぶというのも特徴だ。

ほかにも、全長2cm前後の**ゲラリヌラ・カーボナリア**

◀▲ 1-3-11
カブトガニ類
ユープロープス・ダナエ
Euproops danae

大きなものでは6cm超になるカブトガニ類。もっとも、小柄な標本がほとんどで、大抵の化石は1〜3cmほどのサイズである。写真は、豊橋市自然史博物館所蔵標本。
（Photo：安友康博/オフィス ジオパレオント）

◀ 1-3-12
クモ類
ファランギオタルブス・ラコエイ
Phalangiotarbus lacoei

全長2cm弱のクモの仲間。前体はハート型で、眼はその前方中央部に2列になって並んでいる。

45

(*Geralinura carbonaria*) 1-3-13 をはじめとするサソリモドキ類や、サソリ類そのものの化石も発見されている。ちなみに、サソリモドキ類はその名のとおりサソリ類に姿がよく似ているが、毒針のある尾部のかわりに、鞭のように細い尾をもつことが特徴として挙げられる。

今は亡き昆虫たち

昆虫の仲間は、石炭紀に入って一気に多様性を広げた。昆虫の繁栄そのものは、石炭紀における重要なトピックの一つなので、のちに独立した章を設けるとして、ここではメゾンクリークの昆虫に焦点を絞って紹介する。

メゾンクリークは、石炭紀の昆虫化石の産地としても世界を代表するといえる場所の一つで、これまでに77種が報告されている。ほかの動物たちと同じように、全身が良く保存されている例も多い。とくに翅が、その脈構造までわかるほどに残されているというのは、この産地の特徴である。

メゾンクリークで発見される昆虫の多くは絶滅グループのもので、現在では見ることができない。そのなかで特徴的なのは、**ゲラルス**(*Gerarus*) 1-3-14 とその仲間である。彼らは全長7.5cmと昆虫としては比較的大型で、4枚の翅をもち、その翅は背の上にたたむことができた。触角は長く、そして糸のように細い。何よりも最大の特徴は前胸部だ。ゲラルスの前胸部は膨らんでおり、そこに数本の太いトゲが並ぶのである。

ゲラルスの仲間は、コオロギやバッタの祖先となんらかの関係があるのではないかとみられている。それほど飛翔性能は高くなく、植物の間や上を住処とし、そしてトゲで捕食者たちを威嚇していたのかもしれない。

なお、メゾンクリークで産出する昆虫化石のなかで、唯一現生で確認できるのが、ゴキブリの仲間である。この仲間は石炭紀当時、おおいに繁栄していた（ただしそのわりには、メゾンクリークではさほど個体数が発見されていないのだけれども）。

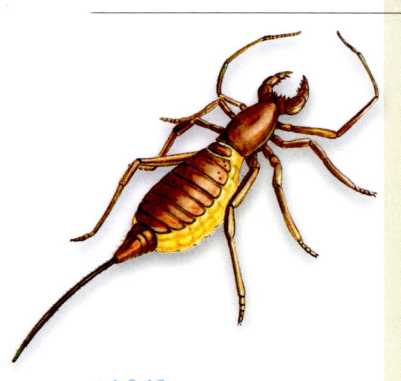

▲1-3-13
サソリモドキ類
ゲラリヌラ・カーボナリア
Geralinura carbonaria
グループ名が意味するように、サソリに似てはいるがサソリではない。鞭のように細く長い尾が特徴的。全長2cm前後。

◀ 1-3-14
昆虫類
ゲラルス
Gerarus
メゾンクリークで確認される絶滅昆虫の一つ。トゲの並ぶ前胸部が特徴。全長7.5cmほど。

流されてきた植物片

　章のはじめあたりでも述べたように、メゾンクリークのノジュールは、中に葉や樹皮の断片が入ったものが大量にある。しかもそれら植物の断片は、ほかの化石産地ではなかなか出会えないほど立体的で、細部の構造まで残った状態で保存されている。

　メゾンクリークで確認できる植物は、シダ植物やシダ種子植物だ。とくに**ニューロプテリス**(*Neuropteris*) 1-3-15 に代表されるシダ種子植物が多い。なお、「シダ種子植物」は「シダ」の名はもつものの、シダ植物ではなく裸子植物の仲間である。デボン紀後期に登場し、シダのような葉をもっている。現在の裸子植物の祖先に位置づけられるグループだ。

　これらの植物化石のほとんどは、大きくても直径

▲▶ 1-3-15
シダ種子植物
ニューロプテリス
Neuropteris

シダの葉のようにも見えるが、シダではない。標本長は数cmといったところで、メゾンクリークの植物化石は、このように基本的には断片として発見される。写真は、豊橋市自然史博物館所蔵標本。右は樹全体の復元図。
（Photo：安友康博/オフィス ジオパレオント）

48　第1部 ● 石炭紀

30cmほどのノジュール内に保存されている。そのため、基本的に断片的なものが多い。植物の種類や、樹皮の大きさなどから推測される樹高は、大きなものでは10m近くに達していたとみられるから、ノジュールのサイズにはおさまりきらないのだ。

石炭紀の化石としてよく知られるシダ植物レピデンドロン(▶P.57)やカラミテス(▶P.59)の断片も確認されている。この2種は地学の教科書にも掲載される有名な種だ。それらについては、次の第4章でもっと詳しく紹介することになるだろう。

発見されている植物片の多くは「異地性」、つまり、別の場所に生息していたものが、水流などによって運ばれてきたものであるとみられている。メゾンクリークの堆積場となった場所につながる河川の上流では、当時、シダ種子類を中心とした森林が形成されていたというわけだ。

そのほか、いろいろ。メゾンクリークの生物たち

ここまで挙げてきたもの以外にも、メゾンクリークのノジュールにはさまざまな動物の化石が含まれている。

たとえば、多足類だ。多足類は、文字通り多数の脚(付属肢)をもつ節足動物である。その代表はムカデ類で、メゾンクリークからはムカデ類の歴史上最も初期の化石が産出している。それが**ラツェリア**(*Latzelia*) 1-3-16 である。絶滅したゲジの仲間で、体節のある体に小さな頭、15対の付属肢、頭部からは長い触角がのびる。メゾンクリークからは、ほかにもオオムカデの仲間や、全長2mに達したであろう史上最大の多足類アースロプレウラ(▶P.62)の部分化石が発見されている。なお、アースロプレウラに関しては、次章で解説する。

メゾンクリークの動物化石の大半を占める無脊椎動物

▲1-3-16
ムカデ類
ラツェリア
Latzelia
ムカデ類史上最も古い種類の一つ。全長6cmほど。

49

▲▼1-3-17
サメ類
バンドリンガ
Bandringa

全長10cmほどのサメ。長い吻が全長の4割を占めている。この長い吻は、レーダーのような役割を果たし、水底の泥の下に生息する獲物を探すことなどに使われたかもしれない。
(Photo：Lauren Cole Sallan & Michael I. Coates)

　は、ほかにもエビの仲間に代表される甲殻類、オウムガイの仲間に代表される頭足類、腕足動物、二枚貝類などが確認されている。

　一方、脊椎動物がこの地にいなかったわけではない。魚類の化石も少なからず発見されている。たとえば「**バンドリンガ**(*Bandringa*)」という全長10cmほどの小型のサメだ。1-3-17 このサメは、鼻先が極端に長くのびており、体長の4割は吻部となっている。その独特の風貌からアマチュア収集家にとって大人気の1種である。

　バンドリンガの化石はメゾンクリークの中で、浅海域でできた地層と淡水域でできた地層の両方から産出している。近年まで、それぞれの地層から産出するバンドリンガは、同じ属であっても種はちがうとみられていた。しかし、2014年にシカゴ大学のラウレン・コール・

サランとミシガン大学のミッチェル・I・コーテスが発表した研究によって、別種としてみられていたバンドリンガ2種が、実は同じ種であることが明らかにされた。どうやらバンドリンガは幼いときは海で過ごし、成長して淡水域へと移動したという。どうも現在でいうサケの仲間が行う回遊のようなことをしていたようである。もっとも、現在のサケの仲間は淡水域で卵を産むが、バンドリンガは海水域で卵を産んでいたらしい、という点が大きく異なる。

　サランとコーテスの研究では、顎が下向きについている、微弱な生体電気も感知できる複雑な感覚器官を長い鼻と体の両方にもっているなどの、それまで知られていなかったバンドリンガの特徴がいくつも報告された。その結果、このサメが水底付近に生息し、獲物を

▲1-3-18
シーラカンス類
ラブドデルマ
Rhabdoderma
シーラカンスの幼体のものとみられる化石。大きさ数cm。画像では、左に頭を向け、右に尾を向けている。豊橋市自然史博物館所蔵標本。
(Photo:安友康博/オフィス ジオパレオント)

▲1-3-19
棘魚類
アカントデス
Acanthodes
石炭紀の世界で、世界中に生息していた魚類。淡水域でつくられた地層、海水域でつくられた地層の両方から化石が発見されている。幼体とみられ、眼が大きいことが特徴。豊橋市自然史博物館所蔵標本。
〔Photo：安友康博/オフィス ジオパレオント〕

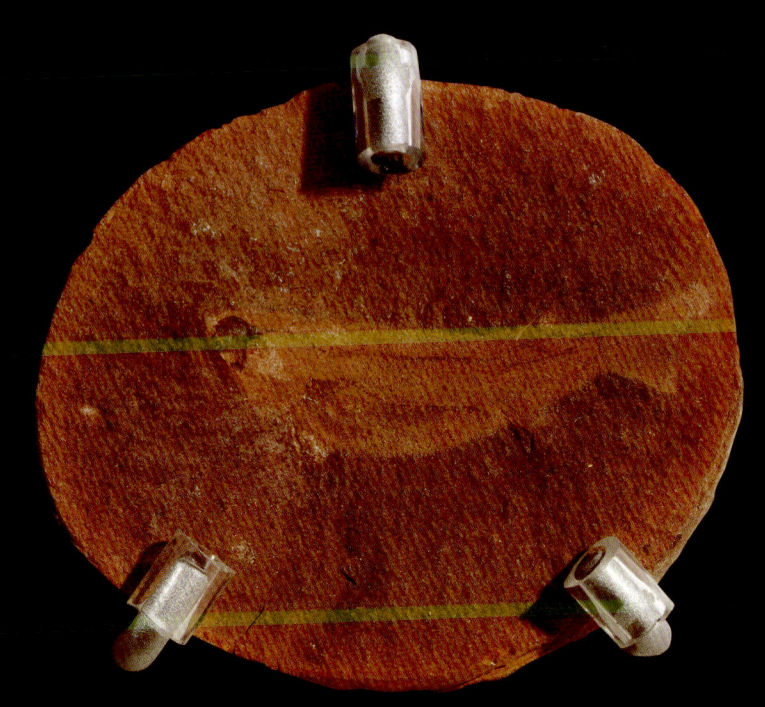

吸い込んで食していたという生態がみえてきた。おそらく現在のノコギリエイ（*Pristis*）のように、水底の泥の中にくらす小動物を探り、食べていたようである。

ほかにも、シーラカンス類（肉鰭類）の**ラブドデルマ**（*Rhabdoderma*） 1-3-18 や棘魚類の**アカントデス**（*Acanthodes*） 1-3-19 、肺魚類の**エスコニクティス**（*Esconichthys*） 1-3-20 などの化石が確認されている。こうした魚類化石の多くは幼体とみられており、とくに成長したラブドデルマは、

▲1-3-20
肺魚類
エスコニクティス
Esconichthys
メゾンクリークから発見される脊椎動物化石の中で、最も数多く発見されている。写真の標本では右側が頭部。眼の穴が確認できる。豊橋市自然史博物館所蔵標本。
(Photo：安友康博/オフィス ジオパレオント)

この水域における強力な捕食者の一つになったのではないか、といわれている。エスコニクティスは、メゾンクリーク生物群のなかでは最も数多く見つかる脊椎動物である。肺魚とされる一方で、両生類の幼生ではないかとも指摘される。

ほかにも、両生類や爬虫類の報告があり、メゾンクリークにいかに豊かな生態系が築かれていたのかがよくわかる。

第1部　石炭紀

4　大森林、できる

石炭紀という時代

　約3億5900万年前に始まり、約2億9900万年前まで続いた石炭紀は、地球レベルで見たときにいくつもの大きな変化が起きた時代である。

　変化の始まりは、「大陸集合の本格化」だ。赤道付近にあったローレンシア大陸とシベリア大陸は合体し、そしてゴンドワナ超大陸がゆっくりと時計まわりに回転していく。石炭紀が終わるころには、これらの大陸は合体して、超大陸「パンゲア」をつくることになる。1-4-1

　大陸と大陸が衝突すると、その衝突の力が大地をたわませ、巨大な山脈を生み出すことになる。

　山脈が発達すると、そこに端を発して河川が発達する。空気の流れが山脈にぶつかって、雨を降らせるようになるからだ。現在の日本で、冬の日本海側の降水量が多いことと同じ理屈である。雨は山を削って土砂を

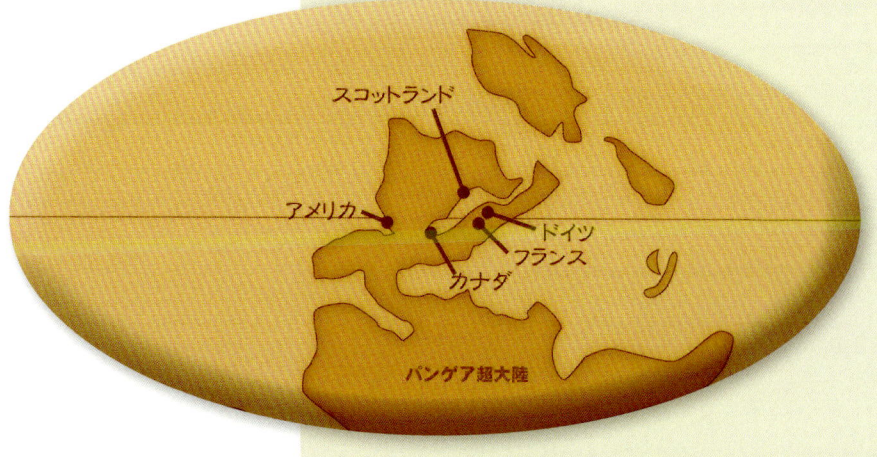

▼1-4-1
石炭紀の大陸配置

諸大陸が集まってパンゲア超大陸が完成されつつあった。図中の国名は本書第1部に登場する主要な化石産地。赤道付近に集中している。なお、この図では上が北である。

運ぶ川となり、やがて下流域には広範囲に氾濫原が発達した。植物にとって理想的ともいえる、高湿度の環境ができあがったのである。

　当然、植物はこの変化を見逃さない。まずシダ植物が、やがて裸子植物が、各地に大森林を形成していく。ちなみに、この森林をつくる樹木が倒れ、地中に埋もれ、やがて膨大な量の石炭となり、3億年以上のちの人類の産業革命を支えることになる。「石炭紀」の名前の由来はここにある。地質時代のなかでも最初（1822年）に提唱されたものであり、そして唯一、産業に直接関係する名称である。ただし、日本における石炭多産層は、この石炭紀が意味する「石炭が大量に採れる地層」に該当しない。日本における石炭多産層はもっとずっとのちの、新生代に入ってからつくられたものである。

　アメリカ、ワシントン大学のピーター・D・ウォードは、著書『恐竜はなぜ鳥に進化したのか』のなかで、石炭紀の樹木が大量に残された理由の一つに、当時はまだ樹木を分解できる能力をもつ微生物が少なかったか、あるいは存在していなかった可能性を指摘している。その結果として、多くの樹木が分解されずに保存されたという。

　植物は酸素を放出する。一方、微生物は、現在であれば、植物の分解時に酸素を消費するものがいる。しかし、石炭紀当時にこうした微生物はまだほとんど（あるいは、まったく）いなかったのだ。さらにいえば、のちの時代と比べ、大型の陸上動物（こちらもやはり酸素を大量に消費する）も豊かではない。こうした時代背景のもと、地球大気の酸素濃度はぐんぐんと上昇していく。アメリカ、イェール大学のロバート・A・バーナーが2006年に報告したところによれば、石炭紀が始まったばかりのころに17％前後だった酸素濃度が、石炭紀末には30％前後に届くようになる。ちなみに、現在の地球における酸素濃度は21％だ。

ジョギンズの化石の崖群

　北アメリカ大陸東岸において、現在のアメリカとカナダの国境付近で東を見れば、そこには東北東に200kmほど奥まったファンディ湾がある。そしてファンディ湾の最奥の南側に、「ジョギンズの化石の崖群」としてユネスコ世界遺産に登録されている化石産地がある。

　ジョギンズの化石の崖群は約3億1000万年前につくられた。石炭紀後期の陸上世界を見るための重要な"窓"である。植物、脊椎動物、無脊椎動物の化石が産出しており、陸上世界を復元するのに必要な要素が良く整っている。

　この地の研究の歴史は古い。1842年には、当時（そして、今も）、世界的に名の知られた地質学者だったイギリスのチャールズ・ライエルが訪れ、植物の化石をいくつか発見している。チャールズ・ライエルといえば、『地質学原理』を著した「近代地質学の父」であり、『種の起源』のチャールズ・ダーウィンの良き理解者として知られる人物である。

　ジョギンズは石炭紀の化石産地として「世界最良」と名高い。イギリス人のライエルは、わざわざ2度もこの地に調査にやってきた。1852年の調査では、地元の研究者であるウィリアム・ドーソンとともに両生類の化石をいくつも発見している。その後、ドーソンは最初期の爬虫類化石を発見し、ライエルにちなんだ学名をつけた。この爬虫類については、本章内でのちに紹介することになる。

　その後も数多くの研究者がこの地を訪れ、調査し、石炭紀の情報収集を進めてきた。その結果として、この産地からはこれまでに140種以上の化石が報告されている。

　石炭紀後期、ジョギンズは赤道直下にあった。そして、形成されつつある超大陸パンゲアの内海に向いた大規模な沼沢地で、湿度も気温も高く、巨木の繁る大森林地帯だったことがわかっている。

巨木群

　石炭紀を代表する植物といえば、地学の教科書にも載っているほどの"有名木"が3属ある。いずれも、ジョギンズからも知られている属だ。
　一つは、シダ植物の**レピドデンドロン**(*Lepidodendron*)だ。1-4-2 ヒカゲノカズラの仲間である。現生のヒカゲノカズラ(*Lycopodium*)は高さ20cmほどで、スギに似た枝葉を付ける。一方で、石炭紀のヒカゲノカズラ類であるレピドデンドロンは、じつにその200倍の高さがあった。樹高40m、幹の太さも2mはあろうかという巨木である。葉が落ち、残された幹には、菱形の構造が残る。その菱形が幹の表面をびっしりと埋めていた。これが魚の鱗の並んでいるようすとよく似ていることから、レピドデンドロンのことを「鱗木」とよぶ。

▲1-4-2
シダ植物類
レピドデンドロン
Lepidodendron
幹の化石。魚の鱗が並んでいるように見えることから「鱗木」ともよばれている。成長すると樹高は40mに達する(次ページ参照)。ポーランド産。
(Photo：ふぉっしる)

レピドデンドロンの復元図

レピドデンドロンは、石炭紀の森林を構成していた主要な樹木の一つである。

二つ目は、同じくヒカゲノカズラ類である**シギラリア**（*Sigillaria*）だ。1-4-3 レピドデンドロンほどではないにしろ、樹高は30mに到達するとされる。こちらは、幹に六角形の模様が並ぶ。この印が、文書などを閉じる際に使われていた封印に似ていることから、シギラリアのことを「封印木」とよぶ。レピドデンドロンよりは細身で、そして葉の形や付き方がレピドデンドロンとは異なる植物だ。

　三つ目はトクサの仲間で、**カラミテス**（*Calamites*）というシダ植物である。1-4-4 現生のトクサ（*Equisetum*）は、枝分かれしないまっすぐな茎が特徴的で、高さは大きなもので80cmほどだ。一方で、カラミテスはレピドデンドロンやシギラリアに比べれば小型ではあるが、それでも大きなものは樹高10mに到達した。現生のアシ（蘆）のような形をしていたため、「蘆木」とよぶ。

▲1-4-3
シダ植物類
シギラリア
Sigillaria

幹の化石。文書の封印が並んでいるように見えることから「封印木」ともよばれている。成長すると樹高は30mに達する（次ページ参照）。ポーランド産。
（Photo：ふぉっしる）

59

ここで挙げた三つのシダ植物は、ジョギンズで発見される代表的な植物化石である。ただし、なにもそれはジョギンズに限られたものではない。現在の北アメリカ各地、ヨーロッパ各地、つまり当時のローレンシア大陸各地から同様の化石が発見されている。

シギラリアの復元図

シギラリアも、石炭紀の森林を構成していた巨木の一つである。

▲ 1-4-4
シダ植物類
カラミテス
Calamites

幹の化石。現生のアシ（蘆）の形に似ていることから「蘆木」ともよばれている。成長すると樹高は10mに達する。左はその復元図。
(Photo：ふぉっしる)

61

史上最大の多足類

石炭紀の大森林では、ムカデのような姿をした巨大な節足動物が動き回っていた。そのサイズは2m超。陸上節足動物としては史上最大級で、体節は30個あったといわれる。まさに怪物である。その学名は「**アースロプレウラ**(*Arthropleura*)」という。[1-4-5]

アースロプレウラは、その足跡化石がさまざまな場所から報告されている。ジョギンズのあるノヴァスコシア州と、ノヴァスコシアの西隣の州であるニューブランズウィック州をはじめ、アメリカではニューメキシコ州、ケンタッキー州。そして、ヨーロッパでも、フランスとイギリスから報告されている。これらの足跡は、幅10〜38cmで2列になっている。

なかでも、ニューブランズウィック州で発見されている足跡は、長さ5.5mにおよぶ。しかも、その足跡は直線ではなく、カラミテスの幹の間をぬうように進んでいたことがわかっている。

世の中には「生理的に多足類は嫌い」という方もいるという（筆者は比較的平気である）。そんな方にとって、アースロプレウラはきわめつけの存在かもしれない。もっとも、アースロプレウラは巨体ではあるが、基本的には植物を食べていたとみられている。動物を食べたとしても小動物や昆虫を食べる

程度だった。仮にタイムトラベルをして出会ったとしても、よっぽど腹の空いた個体に出会わない限り、ヒトであれば身の安全が脅かされることはないだろう。まあ、多足類嫌いの方々には、気休めにもならないかもしれないが。

爬虫類、登場

ノヴァスコシアからは、アースロプレウラ以外にも数種の動物化石が発見されている。そのなかで最も注目すべきは、**ヒロノムス・ライエリ**（*Hylonomus lyelli*）だ。[1-4-6] 2014年

◀ 1-4-5
節足動物類
アースロプレウラ
Arthropleura
陸上節足動物の歴史において最大級の動物。2mをこす全長に、30個の体節があったとされる。植物を食べていたとみられている。

アメリカ、ニューメキシコ州で見つかったアースロプレウラのものとみられる足跡化石。ヒトやハンマーの大きさとの比較に注目いただきたい。
(Photo: Spencer G. Lucas, New Mexico Museum of Natural History and Science)

の現時点で知られている限り最古の爬虫類である。ちなみに、種小名の「*lyelli*」は、本章(▶P.56)で紹介したイギリスの地質学者ライエルへの献名である。

ヒロノムスは、体長30cmほどの爬虫類で、見た目は現生のトカゲそっくりである。頭部は細長くて丈があり、

口の中には小さな歯が並ぶ。おそらく昆虫を食べて生活していたとみられている。四肢はがっしりとしていた。ただし、姿勢はかなり這いつくばったものだったとされる。そして長い尾をもっていた。

あと1億年も経過すれば、恐竜が生まれ、爬虫類は最大の繁栄期を迎えることになる。しかし、そんな彼らも登場したてのときは小動物にすぎなかったのだ。……とはいえ、石炭紀当時、とくに内陸にヒロノムスのような爬虫類を脅かす強力な捕食者は確認されていない（両生類は水辺を離れて遠くに行くことはできない）。天敵不在の内陸で、今後、彼らはおおいに勢力をのばしていくことになる。

ヒロノムスは、その化石の一つが発見された場所も面白い。巨木シギラリアの洞の中に化石が残されていたのである。シギラリアは中心部の方が腐りやすかったと指摘される植物であり、化石の見つかった洞は、なんらかの拍子で幹が倒れて根の付近だけが残され、その内部が腐っていたとみられている。そうしてぽっかりとあいた樹洞の中を、ヒロノムスは住処としていたのか、それとも誤って落ちてしまい、そのまま出ることがかなわずに死して化石となったのか。いずれにしろ、ストーリーを感じる標本である。

◀ 1-4-6
爬虫類
ヒロノムス・ライエリ
Hylonomus lyelli
最も初期の爬虫類。全長は30cmほどと小柄。空洞化したシギラリアの幹の内部から化石が発見されている。近代地質学の父である、チャールズ・ライエルにちなんだ種小名をもつ。

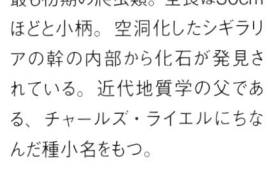

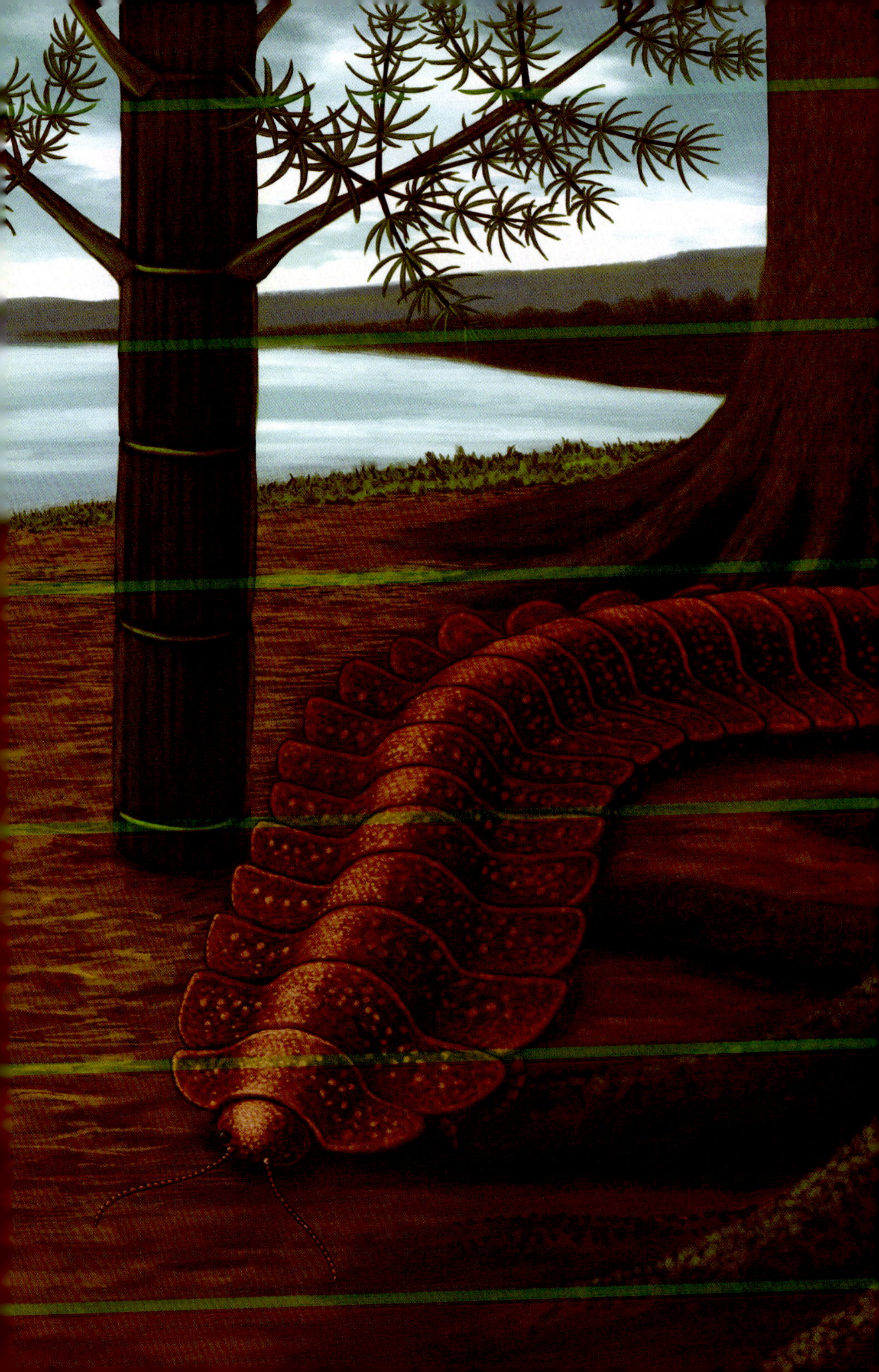

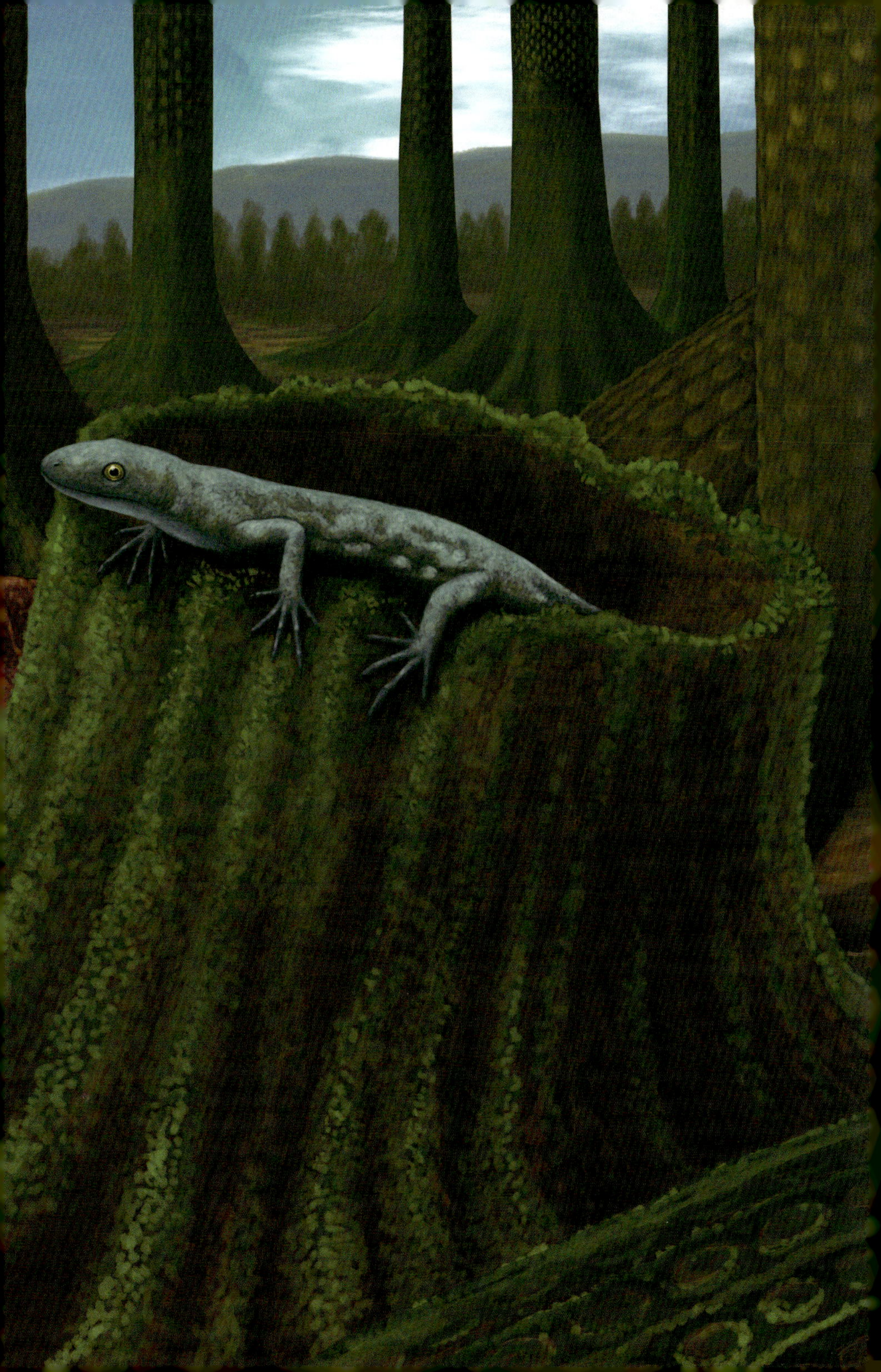

5 昆虫天国

昆虫類、繁栄を開始する

　石炭紀に築かれた大森林にいち早く適応し、確固たる地位を築いた動物が昆虫たちだった。

　化石記録によれば、出現がデボン紀までに確認されている昆虫はトビムシ類（資料によっては、イシノミ類、シミ類）などの一部の原始的なグループに限られていた。それが石炭紀になって、新たに10以上のグループが出現したのである。

　昆虫類の繁栄の背景には、二つの「革新」があったとされている。一つは「翅の獲得」、もう一つは「完全変態の獲得」である。この二つの革新がもたらした影響力について、2012年に刊行された『進化学事典』の昆虫の項には、「現存する昆虫のほとんどは有翅昆虫であり、そのうちの80％以上が完全変態昆虫であることは、その成功の大きさを物語っている」とある。

　二つの革新のうち、「翅の獲得」がなしとげられたのが石炭紀である。この時代、空には翼竜も鳥もコウモリもいない。生命史上、最初に空に進出した昆虫たちは、そのアドバンテージを身をもって感じていたはずだ。なにせ、空に逃げさえすれば、天敵は不在なのだから。

　昆虫がいかにして翅を獲得したのかについては諸説ある。『進化学事典』では、（1）水棲昆虫の鰓（気管鰓）が発達した、（2）背側の体壁の一部が突出・変化した、（3）分岐のある付属肢の背側が発達した、という三つの仮説を紹介し、このなかで（3）の仮説が有力であるとしている。なお、有翅昆虫の化石については、その最古のものはたしかに石炭紀中期のものだが、諸々の状況をかんがみて、デボン紀にはすでに出現していたのではないか、という指摘もある。

翅の多い昆虫たち

　石炭紀に出現した昆虫のなかには、たとえばゴキブリの仲間[1-5-1]のように、今日まで命脈を保つものも含まれている。こうした昆虫に関しては、登場したときからその姿は基本的にほとんど変わっていない。そこで昆虫ファンのみなさまには、やはり書店に並ぶさまざまな昆虫図鑑を楽しんでもらうこととしたい。本章では古生物ファンのみなさま向けに、二つの絶滅グループを紹介しよう。

　一つは、ムカシアミバネムシのグループである。石炭紀とペルム紀の昆虫世界では、種のレベルで約50％を占める巨大なグループである。フランスの石炭紀後期の地層から化石が産出する**ステノディクティア・ロバタ**(*Stenodictya lobata*)に代表される。[1-5-2]

▲1-5-1
昆虫類
エトブラッティナ
Etoblattina
石炭紀に生息していたゴキブリの仲間。標本長約3cm。群馬県立自然史博物館所蔵標本。
（Photo：安友康博/オフィス ジオパレオント）

◀1-5-2
昆虫類
ステノディクティア・ロバタ
Stenodictya lobata
絶滅した昆虫グループ「ムカシアミバネムシ類」に属する。翅が3対6枚あることが大きな特徴。その化石はフランスから産出する。

現在の有翅昆虫の特徴を端的に書けば、「6本の脚に2対4枚の翅」となる。しかし、ムカシアミバネムシ類ではいささか異なり、「6本の脚に3対6枚の翅」となる。翅が2枚多いのだ。種によって多少、形と大きさが異なるものの、たとえばステノディクティアでは、長くて幅もある2対の翅の前に、幅はあるけれど長さはほかの翅の5分の1ほどしかない翅が1対ある。なお、ステノディクティアは長い吻管をもっていることも特徴に挙げられる。この吻管で、シダ植物の汁を吸っていたという指摘もある。ステノディクティアに限らず、ムカシアミバネムシ類全体は植物食だったとみられている。

巨大トンボ「メガネウラ」

古生物をテーマとした本シリーズにあって、ムカシアミバネムシ類以上に紹介しておかなければいけないのが、**メガネウラ・モニィ**（*Meganeura monyi*）[1-5-3]とその仲間たちだろう。もう一つの絶滅グループである。

「古生代の巨大トンボ！」といえば、古生物に興味のある方であれば聞いたことがあるだろう。メガネウラは、生命史上最大の昆虫としても知られている。その大きさは、翅開張（翅を開いたときの左右の幅）にして70cm。参考までに現生のトンボのギンヤンマ（*Anax parthenope*）の翅開張は7cmほどだから、メガネウラが生きていた当時の実際の大きさたるや推して知るべし、だ。

メガネウラはまさに「巨大なトンボ」という風体をしている。しかし実際には、トンボ類に近縁ではあるものの、別のグループ（原トンボ類：Protodonata）に属し、翅に対する体の比率はトンボ類よりも短く太い。現生のトンボ類は、獲物をすばやく狩る飛翔型のハンターだが、メガネウラはこうした行動はできず、滑空によって獲物を狩っていたと指摘されている。石炭紀の森林で、すぅーっと獲物の背後から襲いかかる。そんな光景が眼に浮かぶようだ。……とはいうものの、メガネウラの化石はその多くが断片的で、全身像は正確にはわかっていない。

▲1-5-3
昆虫類
メガネウラ・モニィ
Meganeura monyi
いわずと知れた"巨大トンボ"。翅開張は70cmに達するとされる。絶滅した昆虫グループ「原トンボ類」の代表種。

　近縁種であるナムロティプス・シッペリ(*Namurotypus sippeli*)の化石を調べたところ、腹部の先端には、逆S字型をした「尾毛」（腹部末端にある突起）をはじめ、葉のような構造物が1対、櫂のような構造物が1本あることが判明した。こうした構造は、交尾の際に使われていたのではないか、と指摘されている。また、付属肢に細かなトゲが多数あることから、肉食性が示唆されている。ちなみに、ナムロティプスもそれなりの大型種である。メガネウラほどではないものの、翅開張は30cmに達する。

なぜ、昆虫は巨大化したのか？

　昆虫の巨大化には、当時の酸素濃度が大きく関わっていた、という見方がある。
　2012年、アメリカ、カリフォルニア大学のマシュー・E・クラファムとジャレッド・カールは、1万500体以上の昆虫化石の翅開張を調べ、過去の酸素濃度のデータ

と比較した研究を発表した。この研究によって示されたのは、大きな翅をもつ昆虫が多かった時期と、古生代の高酸素濃度の時期が見事に一致する、ということである。酸素濃度は石炭紀からペルム紀にかけて10%あまり上昇を続ける。これと一致するように昆虫たちもしだいに巨大化していく。そして、ペルム紀末に酸素濃度の低下が始まると、それに合わせるように、昆虫のサイズも小さくなっていくことが示されたのである。

アメリカ、ワシントン大学のピーター・D・ウォードは、大気と生命の進化を記した著書『恐竜はなぜ鳥に進化したのか』のなかで、高酸素濃度は動物の代謝速度を上げるということ、そして酸素濃度が高いということはそのまま大気中に酸素分子が多いことを意味するため、浮力も得やすいということを指摘している。いわく、この二つの要因が、巨大昆虫の存在を可能にした、というのである。

しかしながら、前述のクラファムとカールの研究では、ペルム紀末に低下した酸素濃度が再び緩やかに上昇を始めた約1億5000万年前（中生代ジュラ紀末）については、酸素濃度の上昇にともなう昆虫の体サイズの大型化は確認できなかった。むしろ、体サイズはゆるやかに小型化する傾向にさえあった。

それでは、やはり酸素濃度と昆虫の体サイズに関係はなかったのか？

クラファムとカールは、ジュラ紀末に再び昆虫が大型化しなかった理由として、鳥類の存在を挙げている。中生代後半になると鳥類が出現し、台頭し、次第に飛行能力を向上させていった。この天敵から逃げるためには、大きな体をもつことよりも、小回りのきく小さな体の方が昆虫にとって有利だった、というわけである。

もう一つの革新と、その後の昆虫

せっかくなので、石炭紀以後の昆虫の歴史についてもまとめておこう。

ペルム紀になると、翅の獲得と並ぶもう一つの革新で

ある「完全変態の獲得」がなしとげられた。 のちに昆虫最大のグループとなる「甲虫類（カブトムシの仲間）」たちが出現したのだ。
　完全変態。 これは、 幼虫からさなぎを経て成虫になるということを意味している。 さなぎの期間に、 幼虫の各器官はドロドロに溶け、 それまでとはまったく異なる姿になる。
　幼虫と成虫がまったく異なる姿ということは、 いくつもの利点がある。 その一つが"分業化"だ。 幼虫期は成長に、 成虫期は繁殖に、 それぞれのエネルギーを専念できる。 そして、 幼虫と成虫の食事対象が異なれば、両者で食べ物の競合も起きない。 幼虫は幼虫の食べ物を、 成虫は成虫の食べ物を探せばよいのである。
　この二つ目の革新によって、 昆虫たちは生態系に確固たる基盤を築いた。 ペルム紀に出現した昆虫グループは、 甲虫類のほかにもハチ類やハエ類など、 現在まで命脈を保っているものが多い。
　さらにその先の昆虫の進化を見ると、 じつはもう一つの大きなイベントが彼らを待っている。 それは、 中生代白亜紀（約1億4500万年前～約6600万年前）の「被子植物の出現と繁栄」である。 つまり、「花」の登場だ。
　昆虫は、 このときから花（被子植物）とともに共進化を開始する。 被子植物は昆虫に甘い蜜などを提供し、 かわりに花粉を運んでもらう。 そんな「もちつ・もたれつ」の関係が成立するのである。
　そして、 中生代も終わりが近づいたころ、 "最新型"の昆虫が出現する。 それがノミ類である。 ノミ類は、哺乳類の体毛に隠れながら吸血をすることに特化した昆虫で、 翅や複眼は退化してなくなっている。 私たちヒトを含む哺乳類とノミとの"戦い"は、 このときにスタートするわけだ。
　かくして、 現在の地球上で最も多様性の高い動物群の繁栄が築かれていくのである。

第1部　石炭紀

エピローグ

ゴンドワナ氷河時代の到来と大森林の消滅

　石炭紀の終わりが近づいたころ、大陸の集合もまた最終局面を迎えていた。そしてこのとき、ゴンドワナ超大陸の一部は南極点を内包していた。その結果、大規模な氷河が発達した。

　陸と海では陸の方が冷えやすい。南極点に大陸のあることが氷河の発達を促したのである。このとき、ゴンドワナ超大陸上に発達した氷河の北端は、南緯30度にまで達した。現在でいえば、南アフリカやオーストラリア、アルゼンチン、ブラジルなどが位置する緯度である。南北を入れ替えて考えると、北極点から日本の屋久島がある緯度まで、氷が届いたことになるのだ。

　実際のところ、石炭紀の間にも、すでに2回にわたってゴンドワナ超大陸上に氷河が発達していた。しかし、石炭紀末からペルム紀初頭の200万年以上にわたって発

ゴンドワナ氷河の分布

石炭紀の半ばから終わりにかけて出現した巨大な氷河の分布。南極点を基点として、南極圏（南緯66度33分以南）をこえ、広範囲に拡大した。Isbell et al. (2003) をもとに製作。

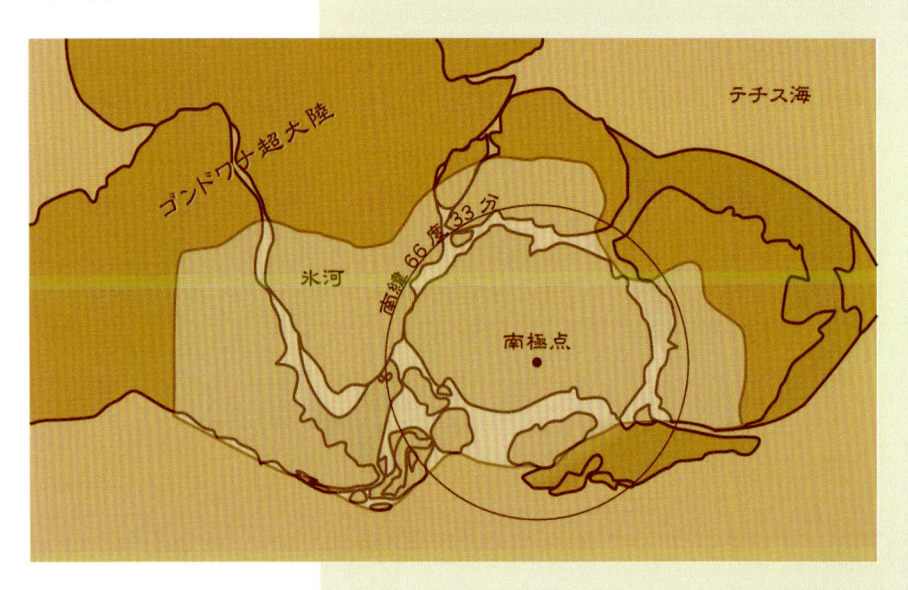

達した氷河は、とくに大規模だった。

　アメリカのウィスコンシン大学のジョン・L・イスベルたちが2003年に発表した研究によれば、推測されるその面積は最低でも1790万km^2、最大で2269万km^{2}におよぶという。あまりにも巨大なので比較対象を出しにくいが、日本の面積のじつに48〜60倍に相当する大きさだ。とにかく広い。イスベルたちの研究によれば、この氷河形成に水分を"もっていかれた"海洋では、海水面が最大で100mも低下したという。

　ほどなくして、超大陸パンゲアは完成する。ひとたびパンゲアが完成し、内海が消滅すると、環境は一変する。かつて内海のあった場所は、海岸線からはるか遠くに位置する超大陸のど真ん中となり、水分の供給は途絶えることになる。乾燥化が促進され、石炭紀の大森林は消えていく。こうして、時代は古生代最末期のペルム紀へと移ることになる。

第2部
ペルム紀

1 完成した超大陸

終わりの始まり

　約2億9900万年前、古生代最後の時代となるペルム紀の幕が開けた。

　前の時代である石炭紀は、ヨーロッパの産業革命と密接に結びついていたと第1部に書いた。産業革命当時の地質学者にとってみれば、石炭を産出する地層とそうでない地層の見きわめは、至極重要なものとなっていた。その結果、石炭を産出する地層（石炭紀の地層）の上には、とくにヨーロッパで、赤色の砂岩層が堆積していることに地質学者は気づいた。この赤色の砂岩層を「新赤色砂岩」とよぶ。デボン紀のローレンシア大陸でつくられた「旧赤色砂岩」と対になる用語である。この新赤色砂岩の地層は、ペルム紀と、中生代最初の時代である三畳紀を含んでいた。「ペルム」という時代名は、この地質時代を決める大もとの地層が分布する、ロシア、ウラル山脈近くの工業都市「ペルミ（Perm）」に由来する。

　生命の歴史をたどっていくと、カンブリア紀から現在までの間で、生物相が大きく変化する時期がある。それが、ペルム紀の末だ。このとき、史上最大といわれる大量絶滅が発生し、生物相が大きく入れ替わった。ペルム紀は、"最近の5億4000万年間"の生命史において、ちょうど折り返し地点に位置する時代なのである。

　ペルム紀が始まったとき、超大陸パンゲアはほぼ完成していた。[2-1-1] そんな世界で、約4700万年後に起きる強烈な大絶滅を知らずに、これまでと変わらず、生物は生命史の物語を紡ぎ続けていくことになる。ペルム紀とはそんな時代だ。

　否、正しくは「これまでと変わらず」ではないかもしれない。海棲無脊椎動物の「誕生と絶滅」が極端に少

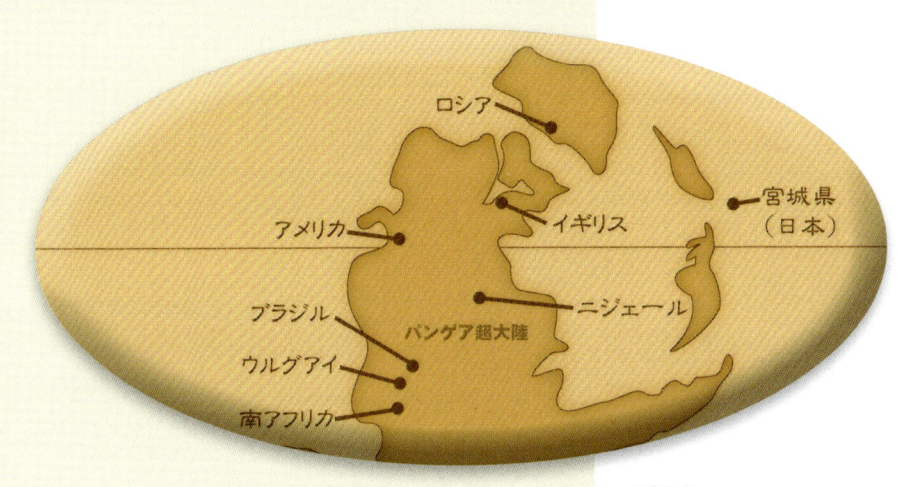

▲2-1-1
ペルム紀の大陸配置
ついに超大陸パンゲアが完成した。図中の国名は第2部に登場する主要な化石産地。なお、この図では上が北である。

なかった可能性があるのだ。ペルム紀という時代は約4700万年間続く。その前半は石炭紀後期から続く寒冷の時代で、後半は温暖の時代だった。アメリカ、ジョンズ・ホプキンス大学のマシュー・F・パウエルは、古生代後半の腕足動物の膨大なデータを整理し、石炭紀後期からペルム紀前期までの間は新属の出現率も絶滅率も低かったことを2005年に報告した。つまり長期間にわたって、同じような動物が生息し続けたことになる。

パウエルは、こうした事態が起きた原因に氷河期が関係していた可能性を指摘している。ただし、ペルム紀以前にあった氷河期や、ペルム紀よりものちの氷河期では同様の傾向は確認できないため、異論もある。

大陸移動説

超大陸パンゲアが完成したところで、ここで改めて大陸移動説そのものを簡単に紹介しておこう。

21世紀においては、「大陸は移動するもの」であることは、もはや常識といえるだろう。とくに日本列島で暮らす私たちは、大陸とともに移動するプレートの動きを「地震」という形で日常的に体験している。プレートテクトニクスや、プレートの動きと地震の関係については、既刊本もそれこそ星の数ほどあるし、たとえば

▲2-1-2

**裸子植物
グロッソプテリス**
Glossopteris

靴べらのような形をした葉の化石。広い分布をもつことから、ウェゲナーの大陸移動説の証拠の一つとされた。詳細はP.82本文参照。標本長12cm。

(Photo：産総研 地質標本館
<http://www.gsj.jp/Muse/>、
登録番号GSJ F16780)

　『Newton』のような科学雑誌でも頻繁に特集を組んでいるので、詳細をご希望の方は、ぜひそちらをお読みいただきたい。

　そもそも大陸移動説は、ドイツの気象学者アルフレッド・ウェゲナーが20世紀初頭に発表した学説である。ウェゲナーは1880年に生まれ、長じて天文学と気象学を専門とし、ドイツにおける気球の長時間飛行記録を樹立したり、グリーンランド調査に出かけたりするなど、探検家としての側面ももった人物である。

　1910年、「気候区分」で有名な気象学者のウラジミール・ピーター・ケッペンに師事していたころに、ウェゲナーはアフリカ大陸の西岸と、南アメリカ大陸の東岸の海岸線が類似していることに気づき、大陸移動説の着想を得たとされる。そして、1912年に最初の論文を発表し、1915年に著書『大陸と海洋の起源』の初版を発表した。『大陸と海洋の起源』は版を重ねるごと

に大幅な加筆修正がなされ、ウェゲナーが死の前年に発表した第4版が最後となっている。邦訳本としては、Newton初代編集長の故・竹内均が訳し、解説を加えたものが1975年に刊行されている。

『大陸と海洋の起源』は、いうなれば「大陸移動説の証拠集」である。ウェゲナーが集めた、大陸移動説の証拠、超大陸パンゲアの存在の証拠が記載されている。それは、測地学、地球物理学、地質学、古生物学、生物学、および古気候学など多岐にわたる。

グロッソプテリスの復元図
正確には「グロッソプテリス」は、左ページに見られるような葉についた学名である（樹そのものではない）。樹高は12mほど。初期の裸子植物グループ「シダ種子植物」ではないか、という指摘もあるが定かではない。

メソサウルス　　グロッソプテリス　　リストロサウルス

超大陸の証拠

超大陸パンゲアの南部、「ゴンドワナ超大陸」にあたる地域を構成していた各大陸と、その大陸上で発見された、メソサウルス、グロッソプテリス、リストロサウルスの各化石の位置。現在では遠く離れた各大陸で同じ動植物の化石が産出することは、かつてこれらの大陸が地続きだったことの証拠となる。なお、各動植物についての詳細は本文を参照。リストロサウルスについては、第4章で詳しく解説する。『さまよえる大陸と動物たち』を参考に制作。

ここでは古生物学および生物学の章に注目してみよう。ウェゲナーは、アフリカと南アメリカの類似点として、爬虫類メソサウルス(▶P.93)、裸子植物**グロッソプテリス**(*Glossopteris*) 2-1-2 などの化石が両大陸で産出すること、ユーラシアと北アメリカ東部では、ある種のカタツムリ、ミミズ、イガイ、スズキ、ザリガニなどが一致することを挙げている。同様に、オーストラリアと南アメリカの類似性や、インドとアフリカの類似性についても、古生物学的・生物学的な証拠を挙げた。

『大陸と海洋の起源』の訳者注で竹内は、これらの古生物学的・生物学的な証拠と気象学が関連づけられていることを、大陸移動説のポイントとして指摘している。大陸移動説が発表される前、各大陸の古生物学的・生物学的な類似性は、過去に大陸どうしをつなぐ陸橋があったからである、と考えられてきた。たしかに、陸橋があれば動植物の移動は容易となる。しかし、もともと生息していた場所と気候帯が一致しない限り、移動先における繁栄は難しい。すなわちこの類似性は、気候帯をまたぐような陸橋によるものではなく、もともと

が同じ大陸・同じ気候帯だったことによるものと考える方が自然というわけだ。

　こうしたさまざまな証拠があるにも関わらず、大陸移動説はウェゲナーの存命中には受け入れられなかった。それは、大陸を動かすための原動力であるプレートの概念がまだ生まれていなかったからとされる。

　プレートテクトニクスが認知されるようになり、大陸が移動するとみなされるようになったのは、比較的最近のことだ。日本においては1970年代から、一般に知られるようになった。

　ちょっと懐かしい話をすると、世代と地域によっては、大陸移動説は、理科ではなく国語の教科書で学習した経験があるはずだ。教科書を刊行している光村図書出版株式会社のwebサイト情報によれば、1980年と1981年の小学校5年生の国語教科書に、竹内による「大陸は動いている」が収録されている。1982〜1985年には収録がないものの、1986年には大竹政和による「大陸は動く」が同じく小学校5年生の国語教科書に収録されていた。大竹の原稿の収録は、2001年まで続いた。

84 ｜ 第2部 ● ペルム紀

▲2-2-1
**両生類
セイムリア**
Seymouria

ペルム紀前期を代表する動物。この標本では右向きと左向きの2体の全身が確認できる。詳細は次ページの本文にて。ドイツ産。標本は、1個体が50cm。
（Photo：amanaimages）

第 2 部　ペルム紀

2 両生類は頂点をきわめ、爬虫類は拡散を開始する

爬虫類のような両生類

　現生の動物で「両生類」といえば、「イモリ（有尾類）」、「アシナシイモリ（無足類）」、「カエル（無尾類）」の仲間たちである。いずれも小型で、どちらかといえば弱々しい存在だ。

　しかし、ペルム紀ではちがっていた。当時の両生類は体サイズが比較的大きく、鋭い歯をもち、生態系の上位に君臨していたのである。デボン紀に上陸に成功し、石炭紀から本格的な多様化を始めた彼らは、ここに至って時代の覇者の様相を見せていた。

　ペルム紀前期の両生類を代表する種としては、**セイムリア**（*Seymouria*）がよく知られている。2-2-1

　セイムリアは全長60cmに達する動物で、アメリカのテキサス州とドイツから良好な化石が発見されている。頭部は上から見ると三角形に近く、口の外縁には鋭い歯が並ぶ。最大の特徴はがっしりとした四肢で、これ

セイムリアの復元図
全長60cmに達する。がっしりとした四肢をもち、胴体を引きずることなく陸上歩行ができた。両生類と爬虫類の両方の特徴をもつ。

86　第 2 部 ● ペルム紀

によって体をもち上げることができたとみられており、胴体を引きずることなく陸上を歩行することができた。

　セイムリアは両生類と爬虫類の両方の特徴をもつ。脊椎の形や、骨盤付近の特徴は爬虫類のそれとよく似ている。爬虫類の場合、雌には、殻のある卵を産むためのスペースが骨盤のつくりに現れていることがある。セイムリアにはこれが確認できる、という指摘もあるほどだ。

　その一方で、セイムリアの頭骨の特徴は両生類のそれに似る。セイムリア自身の幼体は未発見であるものの、近縁の**ディスコサウリスクス**(*Discosauriscus*)の幼体には、鰓があるという。2-2-2 鰓は水中で呼吸するための器官である。幼体が鰓をもつということは、すなわち両生類であることを示唆している。ディスコサウリスクスのこの特徴は、近縁であるセイムリアにもあったとみられており、それゆえにセイムリアは両生類である、ともされる。

　もっとも、セイムリアがいくら両生類と爬虫類の特徴をあわせもつからといって、彼らが爬虫類の祖先であったとはみられていない。爬虫類そのものは石炭紀にすでに出現しているからである。

▲2-2-2
両生類
ディスコサウリスクス
Discosauriscus

セイムリアに近縁とされる両生類の化石。この幼体が鰓をもつことから、セイムリアにも同様の特徴があったとみられている。チェコ産。標本長17cm。
(Photo：オフィス ジオパレオント)

▼▶ 2-2-3
両生類
エリオプス
Eryops

全長2mにおよぶ比較的大型の両生類。ワニのような顔つきをしており、がっしりとした四肢をもっていた。写真は、豊橋市自然史博物館所蔵の骨格模型。下は復元図。
(Photo：安友康博/オフィス ジオパレオント)

どっしり最強型と三角頭の両生類

　さらに2種類、この時代を代表する両生類を紹介しておこう。

　一つは**エリオプス**(*Eryops*)である。2-2-3 全長2mに届く比較的大型の両生類で、「ずっしり・どっしり」という形容がよく似合う。その顔つきは現在のワニ類とよく似ており、肉食性で、当時の生態系の覇者の座を、のちの章で紹介する単弓類などと争っていたようだ。両生類史上、最強種の一つということができるだろう。

◀ 2-2-4
両生類
イクチオステガ
Ichthyostega
デボン紀末期に出現した初期の両生類。陸上を歩き回ることはできなかったとみられている。

　エリオプスに「ずっしり・どっしり」感を与えているのは、大きな頭部だけではない。背骨は頑丈で、肋骨は幅が広く、骨盤もしっかりとしている。四肢の骨も太い。こうした特徴は、本種が自由に陸上で暮らすことができたことを意味している。

　じつは、似たような特徴をもつものはデボン紀末にも出現している。本シリーズでも前巻の『デボン紀の生物』で紹介し、この巻の第1部第2章でも触れた。最初の陸上四足動物である**イクチオステガ** 2-2-4 がそれだ。エリオプスは、イクチオステガそのものではないもの

89

の、近縁種の子孫に当たるとみられている。

　もう一つ紹介しておきたいのは、一風変わった両生類で、「**ディプロカウルス**(*Diplocaulus*)」という。[2-2-5] 全長1mほどのこの両生類は、「ブーメランのような」としばしば形容される頭部のもち主だ。二等辺三角形状の高さの低い頭蓋骨、しかもその頭蓋骨はほとんど扁平である。頬の部分が左右に大きく出っぱる一方で、眼は口先に近い位置にあるというなんとも愛嬌のある顔立ちである。この独特の頭部構造は成長に伴って完成していったようで、幼体のうちはブーメランとはいえない、ごく普通の形をしていた。

　なぜ、このような頭の形をしているのか？　研究者はまだ答えを見出せていない。

　ディプロカウルスは奇妙な頭部をもつ一方で、四肢が未発達という特徴がある。このことから、エリオプスなどとは異なって、ほぼ一生を水中で過ごしていたとみられている。

▶2-2-5
両生類
ディプロカウルス
Diplocaulus
三角形の平たい頭部が特徴的な両生類。小さな四肢も特徴的。ほぼ一生を水中で過ごしていたとみられている。
(Photo：Bailey Archive, Denver Museum of Nature & Science.)

ディプロカウルスの復元図
大きなものでは全長1mに達したとみられている。

カエルとイモリの共通祖先

　現生の「両生類」の三つのグループ、「イモリ（有尾類）」、「アシナシイモリ（無足類）」、「カエル（無尾類）」。このうち、有尾類と無尾類の共通祖先となる化石が、カナダ、カルガリー大学のジェイソン・S・アンダーソンたちによって2008年に報告されている。その学名を、「**ゲロバトラクス・ホットニ**（*Gerobatrachus hottoni*）」という。2-2-6　属名の「*Gerobatrachus*」は、「カエルの長老」という意味だ。テキサス州のペルム紀中期の地層から発見された。

　すでに紹介したセイムリアやエリオプス、ディプロカウルスは、現生両生類から見ると、ちょっとびっくりするくらい大型だった。これらに比べれば、ゲロバトラクスは"ほっとする"サイズである。……とはいえ、ゲロバトラクスの大きさは11cmほど。現生のトノサマガエル（*Rana nigromaculata*）より一回り大きく、ウシガエル（*Rana catesbeiana*）とほぼ同じだ。その姿は、「少し胴長で短い後肢と尾をもつカエル」である。

　ゲロバトラクスは有尾類と無尾類の両方の特徴をもっており、たとえば足首は有尾類に、耳のつくりは無尾類によく似ていた。平たい頭は無尾類にそっくりで、

91

▲▶ 2-2-6
両生類
ゲロバトラクス
Gerobatrachus
有尾類(イモリの仲間)と無尾類(カエルの仲間)の共通祖先とされる。上はその化石。アメリカ、テキサス州産。標本長11cm。右はその復元図。見た目は、「尾のあるカエル」。
(Photo：Anderson et al. 2008 (nature06865), the authors)

　その一方で背骨の数は現生の有尾類と無尾類の間となる。アンダーソンはwebニュースサイト『livescience』の取材に対して、ゲロバトラクスは現生のカエルのようにぴょんぴょんと飛び跳ねるより、普通に歩き、そして泳いでいただろうと答えている。そして、ときに突進し、獲物を捕獲していたという。ゲロバトラクスの口先には小さな歯が並び、捕らえた獲物は逃がさなかったようだ。

　ゲロバトラクスが注目されている理由の一つは、「ペルム紀中期」というその時代だ。2010年に刊行された『古生物学事典 第2版』によれば、有尾類の最古の化石はジュラ紀中期、無尾類の最古の化石は三畳紀前期

から発見されており、両者がいつ袂を分かったのかは、じつは長年の謎だった。アンダーソンとともに論文に名を連ねるトロント大学のロバート・R・レイズは、カルガリー大学のプレスリリースで、この発見によって、両者の分岐がペルム紀中期以降、三畳紀前期の間までのいつかに絞り込まれたと指摘している。

爬虫類、水域へと進出する

　ここからは爬虫類に話の軸足を移そう。石炭紀に"小さなトカゲ"としてスタートした爬虫類は、ペルム紀になって本格的な多様化を進めていた。そのなかで見られるようになったのは、水中と空への進出だ。

　のちの巻のネタを明かしてしまえば、古生代が終わり、中生代に入ってほどなく、水中へは魚竜類やクビナガリュウ類、カメ類などが、大空へは翼竜類が適応していく。それはきわめて大規模なもので、「中生代は爬虫類の時代」といわれるのに相応しい。しかし、じつはペルム紀においても、魚竜や翼竜たちの先陣を切る形で、水中適応、空中適応したものがいた。なお、爬虫類はその祖先の段階（両生類の段階）で一度、陸上生活を経験しているので、水中に適応したものは「回帰」したことになる。

　ペルム紀前期に水中適応を遂げていたのは、**メソサウルス**（*Mesosaurus*）である。2-2-7
　メソサウルスは大きくても全長1mほどの爬虫類で、長い尾と長い首をもち、頭部も細長かった。上下の顎には、細くて鋭い歯が並び、節足動物や魚類を主食としていたとみられている。手足はひれ足状になっており、高さのある尾とあわせて明らかに水中生活に向いていた。メソサウルスの化石が産出する地層の情報からは、この動物が湖沼に生息していたことがわかっている。

　メソサウルスは胎生だったかもしれない。そんな報告が、2012年に、ウルグアイ、共和国大学のグラシエラ・ピニェイロたちによってなされている。ピニェイロたちがウルグアイの約2億7800万年前の地層から発見し

▲▶ 2-2-7
爬虫類
メソサウルス
Mesosaurus
中南米、アフリカの広い地域に分布していた水棲爬虫類。その分布の広さから、ウェゲナーの大陸移動説の証拠の一つとなった。大きなものでは全長1mに達する。上は、佐野市葛生化石館所蔵標本。右は復元図。
（Photo：安友康博/オフィス ジオパレオント）

たのは、推定全長15cmの胎児の化石である。2-2-8 限られた小さな空間に、メソサウルスのものと特定できる骨が詰まっていたのだ。その中には、はっきりと頭部と確認できるものもあり、しかも卵を割るために使われる「卵歯」らしき構造も見てとれる。卵の殻こそ確認できないものの、この化石の状態は卵の中の胚そのもので、孵化直前のものとみられた。ただし、周囲には親らしきものは発見されておらず、これが胎内のものか、それとも産み出されたものなのかは特定され

ていない。

　一方、ブラジルでは、胎内に胚を抱えた母親メソサウルスの化石が発見された。この胚もまたかなり成長しており、たとえば、歯がすでに確認できるという。

　こうした証拠から、ピニェイロたちは、メソサウルスは子どもを胎内で一定以上にまで育て、哺乳類のように直接産んでいたか、あるいは卵を産んだとしても、その卵はその後、短期間で孵るほどにまで成長していたとみている。卵の殻は、薄く弱いものだったらしい。1回の妊娠で産む子は原則として少数で、これは生物学上で「K戦略」とよばれるものに近い。哺乳類、とりわけ霊長類が採用している生活戦略だ。

▲2-2-8

メソサウルスの胎児の化石

ウルグアイで発見されたメソサウルスの胎児の化石（左）とそのスケッチ（右）。母岩の中程にある横に細長い骨が頭骨、母岩左下に見えるのが肋骨である。
（Photo&スケッチ：Graciela Piñeiro）

95

▼2-2-9
爬虫類
コエルロサウラヴス
Coelurosauravus
長い"肋骨"を多数見ることができる化石。ほぼ全身が保存されており、大きく弧を描く尾も確認することができる。ドイツ産。画像の横幅が23cmに相当する。
(Photo: Staatliches Museum für Naturkunde Karlsruhe)

　また、ウルグアイでは26個体もの後期の胚、もしくは新生児の化石が発見されている。K戦略でいえば、これらの弱々しい存在は世話をする必要があり、ピニェイロたちは子育てをしていた可能性も指摘した。このメソサウルスの化石は、爬虫類としては「最古の胎生の証拠」となるかもしれない。

　さて、前章で触れたように、メソサウルスは大陸移動説の有力な証拠の一つだ。水中適応したものとはいえ、彼らは海洋種ではなく、淡水種である。つまり、陸域の水場を生活圏としていた。それにも関わらず、メソサウルスの化石は、南アメリカ大陸のブラジルやウルグアイ、南アフリカなどから産出する。現在の大西洋を隔てた両大陸で見つかっているのだ。メソサウルスに泳いで大洋を渡れるほどの遊泳能力があったとは思えない。つまり、このことは、これらの地域がペルム紀において陸続きだったことを示唆しているのである。

コエルロサウラヴスの復元図
前脚と後脚の間に皮膜を張り、滑空していたようだ。

爬虫類、空を飛ぶ

　脊椎動物史上初めて空を飛んだ動物。それが、**コエルロサウラヴス**（*Coelurosauravus*）だ。2-2-9　全長60cmほどのこの爬虫類は、左右それぞれの脇の後ろ付近と胴体から少なくとも23本の骨が、後方斜め45度の範囲に広がっていた。各骨の間に皮膚の膜をもち、この"翼"を使って、木から木へと滑空していたとみられている。

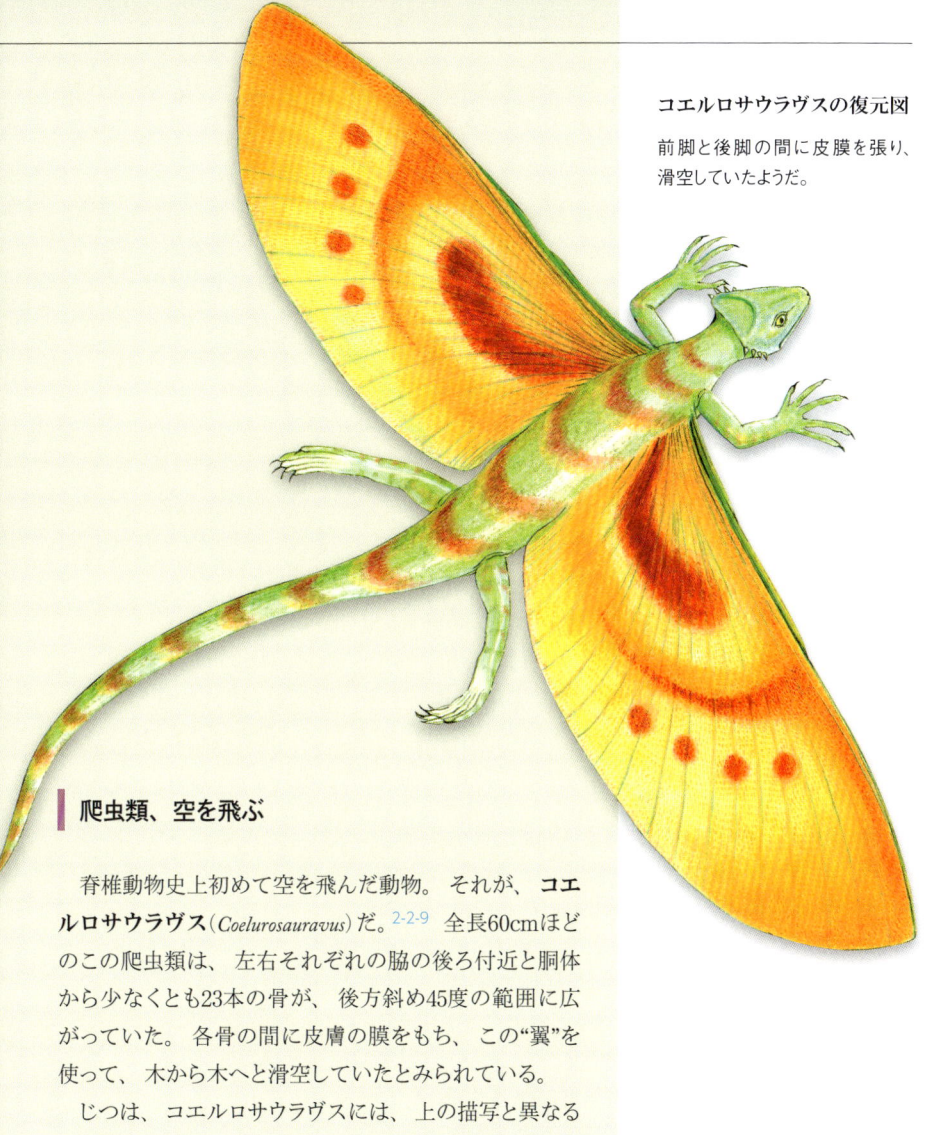

　じつは、コエルロサウラヴスには、上の描写と異なる「伝統的な復元」が存在する。それは、複数の教科書的な資料に採用されてきたもので、肋骨が異様に左右にのびていて、その肋骨の間に皮膜が張られていた、というものである。2-2-10, 2-2-11

　「異様に」と書いたが、じつは、現生種にその復元の"お手本"となった動物がいる。トビトカゲの仲間である。彼らもまた長い肋骨をもち、しかもその肋骨は可動式で、背骨を支点として左右に広げることができる。

▶ 2-2-10
新旧骨格図の比較

コエルロサウラヴスの伝統的な復元と、1997年に提案された復元を比較した。皮膜を支える骨の付き方に注目されたい。『Vertebrate Palaeontology』と、Frey et al., 1997を参考に製作。

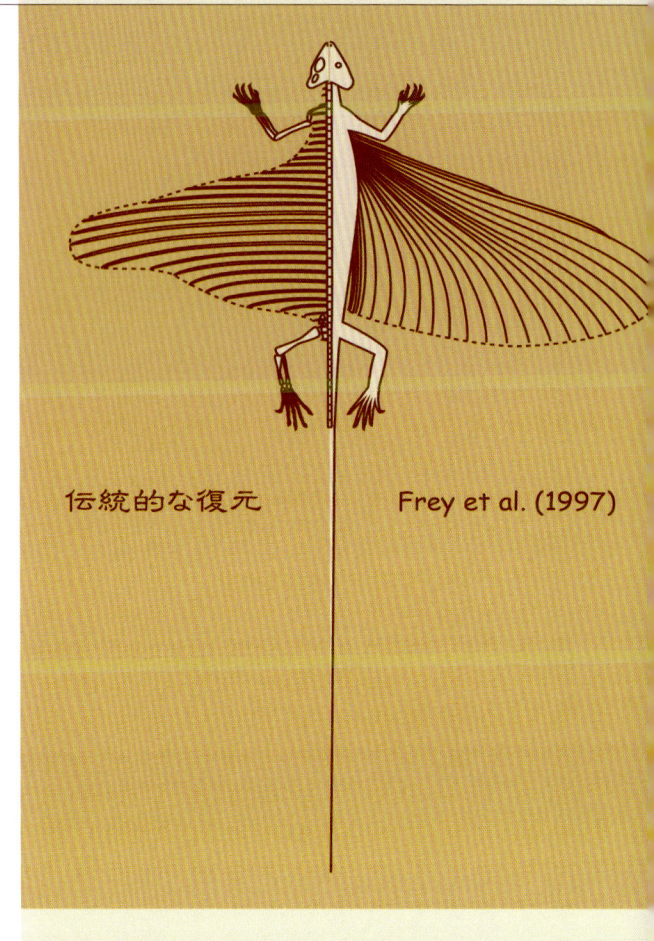

伝統的な復元　　　Frey et al. (1997)

肋骨を広げると、その間にある皮膚も広がって、彼らはこれを翼として使って滑空をしているのである。
　しかし、どうもコエルロサウラヴスの翼は、肋骨によるものではなかったらしい。ドイツ、カールスルーエ州立自然史博物館のエバーハード・フライたちは、チューリンゲン州のエルリッヒから新たに発見された化石などを分析し、その成果を1997年に報告している。フライたちの研究によれば、胸から腰にかけての脊椎骨は13本しか確認できないにも関わらず、翼を支える骨は少なくとも左右に22本ずつあるというのである。肋骨は基本的に一つの脊椎から左右へ1本ずつのびる。つまり、翼を支える骨が肋骨だとしたら、数が合わないのだ。

◀ 2-2-11
コエルロサウラヴスの「伝統的な復元」

長く伸びた肋骨が皮膜の支えとなっている。97ページの復元とも比較されたい。

　フライたちは、そのほかさまざまな検証を行った結果、本項冒頭に挙げたように骨が付いていたと結論した。すなわち、前脚の付け根近くを基点に多くの細い骨が後方へ向かって放射状に広がる、という復元である。「滑空型」の爬虫類は、コエルロサウラヴス以降、いくつも出現する。しかし、このような骨の配置をもつものは、ほかに発見されていない。

　この研究では、体のほかの部分の働きについても言及されている。コエルロサウラヴスは、長く柔軟な尾をもっており、これは滑空中の姿勢安定に使用された可能性があるという。実際に、トビトカゲの仲間や、ムササビなどの滑空性哺乳類に見られるものだ。また、前脚は滑空の方向を決める「方向舵」の役割を果たしていたのかもしれない。

　滑空ができるということは、いろいろな意味で便利である。移動に必要とするエネルギーコストは少なくてす

むし、捕食者がやってきたら飛んで逃げればよい。ペルム紀には翼竜や鳥類などはまだ出現していない。飛んでいる動物といえば昆虫ばかりで、コエルロサウラヴスにとっては天敵不在の空である。滑空はさぞや気持ちがよかったことだろう。もちろん、昆虫を捕食することもできたはずだ。

フランス、国立自然史博物館のセバスチャン・ステイヤーは、著書『EARTH BEFORE THE DINOSAUR』のなかで、翼が飛行だけのためではなかった可能性に触れている。日向で翼を広げることで、より広い面積に日光を当て、体を温めていたのではないか、

▼2-2-12
爬虫類
スクトサウルス
Scutosaurus

ロシアから発見されたパレイアサウルス類。写真はその幼体の復元骨格である。佐野市葛生化石館所蔵標本。
(Photo：安友康博/オフィス ジオパレオント)

というのである。コエルロサウラヴスは爬虫類であり、外温性であった可能性が高い。つまり、気温が低ければ体温も低く、その活動力は低下する。いち早く体温を高め、すばやい動きを可能にするために、「使えるものは使う」ことがあったかもしれない、というわけだ。

凸凹頭の大型植物食爬虫類

　ペルム紀中期から後期には、爬虫類の大型化も確認できる。代表的なのは、アフリカやロシアから化石が産出するパレイアサウルス類だ。全長2〜3mと、ペルム紀の陸上世界では大型の部類に入るグループである。このサイズは、両生類史上最大・最強のエリオプスと同等かそれ以上となる。

　パレイアサウルス類は「重量級」という言葉がよく似合う爬虫類だ。たとえば、ロシアから化石が産出する全長約2mの**スクトサウルス**（*Scutosaurus*）は、太くがっしりとした四肢をもつ。2-2-12　胴体はでっぷりとしていて、首と尾は比較的短い。特徴的なのはその頭部で、映画『スター・ウォーズ』のシリーズに登場するストームトルーパー（帝国軍の"白い兵士"である）の失敗作のような形をしている（あるいは、AT-TEのなりそこないというべきか）。両脇にフリルが大きく張り出す一方で、頭頂部は平ら、鼻先と顎の下には、左右に小さな突起があった。歯の形状から、柔らかい植物を食べていたとみられている。

　パレイアサウルス類には、背に装甲板をもつものがいる。古生代の爬虫類としては珍しい特徴で、20世紀初頭からカメ類との関係が議論されてきた。カメ類は、次の時代である中生代三畳紀に登場する。知られている限り最古のカメが甲羅をもっているため、祖先探し、つまり甲羅がいかに進化したのかが重要になっているのだ。

　このカメ類の祖先についての議論に関し、早稲田大学の平山廉は、著書『カメの来た道』（2007年刊行）のなかで、パレイアサウルス類はあまりにも特殊化が進んでいるため、カメ類を含むどんな爬虫類の祖先にも

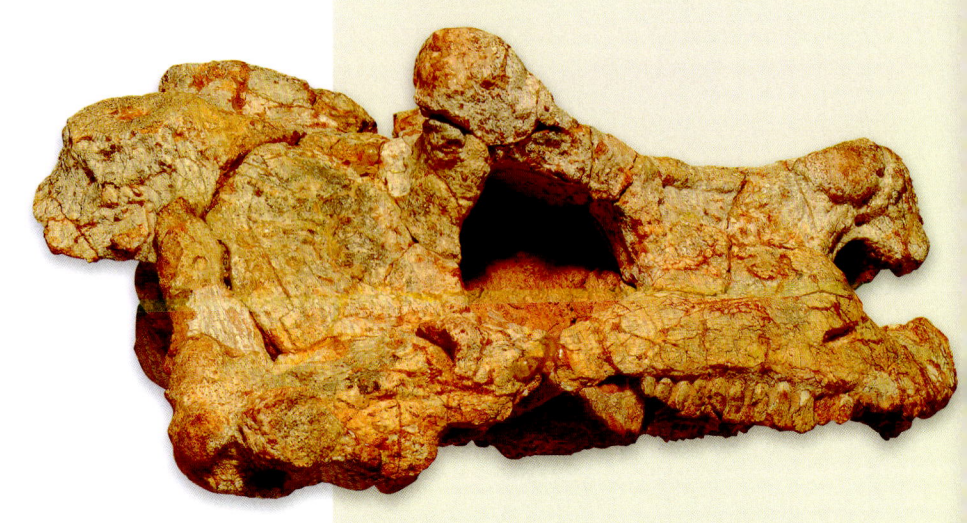

▲2-2-13
爬虫類
ブノステゴス・アコカネンシス
Bunostegos akokanensis

ニジェールから発見された頭骨化石。頭部の突起構造がよくわかる。標本長28cm。

(Photo：Christian A. Sidor and Linda A. Tsuji)

なり得ない、としている。カメ類の甲羅は上下とも肋骨が変化したものであると考えられる。しかし、パレイアサウルス類の装甲板は鱗が変化したものであり、また、腹には肋骨がまったく見られない。このことから平山は「カメの甲羅の兆候を示す構造はパレイアサウルス類には見当たらない」と書いている。なお、カメ類の初期進化については、のちの巻でも詳しくまとめる予定なので期待されたい。

　パレイアサウルス類は、超大陸パンゲアの中央部に発達していた砂漠で独自の生態系を築いていたかもしれない。そんな論文が、アメリカ、ワシントン大学のリンダ・A・ツジたちによって2013年に発表された。この論文のなかでツジたちは、ニジェールから発見された**ブノステゴス・アコカネンシス**(*Bunostegos akokanensis*)を詳細に分析している。 2-2-13

　ブノステゴスは、その顔つきが独特である。頭頂部、眼の上、鼻の上、頬など、顔のあらゆるところがぽっこりと盛り上がっているのだ。「*Bunostegos*」という属名も「でこぼこな屋根」を意味する。

ブノステゴスは、凹凸のある顔をもつパレイアサウルス類のなかでもとくにでこぼこな顔のもち主である。それにも関わらず、パレイアサウルス類のなかでとくに進化が進んだ属というわけではなく、むしろ、でこぼこの少ないスクトサウルスよりも原始的な存在と位置づけられている。一般に、進化の大きな傾向は、単純なものから複雑なものへと進むと考えられている。しかし、原始的なブノステゴスの方が、進化的なスクトサウルスよりもその顔は複雑なのだ。

　ツジたちは、ここにニジェールという産地が関係しているとみている。ペルム紀当時、ニジェールは超大陸パンゲアの内陸深くにあり、周囲には砂漠が発達していたとみられている。この砂漠が障壁となって外界と隔離されたブノステゴスは、この地域で独自の進化を遂げた、というわけである。その結果として、進化型のスクトサウルスを上回るでこぼこ顔を手に入れたというわけだ。

　2014年の執筆時現在で、超大陸パンゲアの深部に関する情報はけっして多くない。ニジェールの産地は、今後、新たな情報をもたらしてくれるものとして、期待されている。

ブノステゴスの復元図
頭部に独特の突起をもつ。パレイアサウルス類の中では、比較的原始的とされる。

の系統があるとみなされるようになったからだ。

　エダフォサウルスもディメトロドンも、一見した限りでは、よく似た動物である。しかし、両者は似て非なる存在だ。ここでは、両者のちがいに触れつつ、この帆をもった2種を紹介していこう。

　エダフォサウルスは、エダフォサウルス類を代表する動物で、全長は3.2mにおよぶ。化石は北アメリカとヨーロッパから産出する。背の「帆」のほかに、小さな頭、太い尾などが特徴に挙げられる。また、帆をつくる骨にも独特の特徴がある。各骨から不規則に"帆桁"のような突起が左右にのびるのだ。つまり、帆をつくる骨がトゲトゲしているのである。エダフォサウルス類には帆をもつ種が多く属しているが、"トゲトゲ度"はエダフォサウルスが最も高い。なお、小さな頭に並ぶ歯はおとなしめで、鋭い犬歯などをもたないことから、植物食であったとみられている。

　帆の役割は、体温調整という見方が強い。帆に日光を当てることでより効率的に体温を上げ、その逆に帆を日陰で風に当てることで効率的に体温を下げていたというものである。この見方はよく知られたものだが、実は近年になって疑問も出されている。

　アメリカ、ワシントン大学のアダム・K・フッテンロッカーたちは、2011年にエダフォサウルス類の骨の組織構造を研究し、発表している。そもそも帆を使って体を温めるという説の根拠に、「骨の中に血管が通っていて、それを日光に当てることで体温を効率的に高め

ていた」というものがある。しかし、フッテンロッカーたちがエダフォサウルス類の帆の骨を調べたところ、一部のエダフォサウルス類には血管が通っていた痕跡がなく、エダフォサウルス自身も、血管の痕跡はひどく曖昧なものだったという。このことから、フッテンロッカーたちは、帆には温度調整機能はなかったのではないか、としている。

◀▲ 2-3-1
エダフォサウルス類
エダフォサウルス
Edaphosaurus

帆をもつ単弓類の一つ。帆の軸となる骨には左右に小さな突起がついている。全長3m。写真は、国立科学博物館地球館地下2階で撮影。
(Photo：安友康博/オフィス ジオパレオント)

一方、ディメトロドンはスフェナコドン類を代表する単弓類だ。ただし、その帆にはエダフォサウルスのようなトゲトゲはない。エダフォサウルスと比較すると四肢が長く、尾は細い。頭部は大きく、一目で肉食とわかる大きな犬歯をもっていた。あごには強力な筋肉もあったとされる。そして、あごの関節は前後に動かすことが可能であり、噛みついた獲物が暴れても、柔軟に対応することができた。まさに、当時の生態系の上位に君臨していた支配者だったのだ。化石はアメリカから産出する。

▼▶ 2-3-2
スフェナコドン類
ディメトロドン
Dimetrodon

帆をもつ単弓類の一つ。前ページのエダフォサウルスとほぼ同じ全長ではあるが、ディメトロドンの方が大きな頭部と、大きな鋭い歯をもっている。また、帆の軸となる骨には、エダフォサウルスとはちがって突起がない。写真は、群馬県立自然史博物館所蔵標本。なお、この標本において帆の骨が一部折れているのは、2011年の東北地方太平洋沖地震の揺れによるものという。
(Photo：安友康博/オフィス ジオパレオント)

エダフォサウルス類とはちがって、ディメトロドンの帆は温度調整機能をもっていたとする見方が強い。1970年代にディメトロドンの1種、ディメトロドン・グランディス（*Dimetrodon grandis*）に関して行われた研究では、本種に帆がなかった場合、体温を6℃上昇させるのに205分かかるのに対し、帆を使えば80分にまで短縮できるという。

　2001年には、キプロスの高度技術研究所に所属するG. A. フロリダスたちが、ディメトロドン・リムバトゥス（*Dimetrodon limbatus*）に注目し、その帆の主要な役割は

やはり温度調整機能にあると発表した。フロリダスたちによれば、ディメトロドン・リムバトゥスにおける全表面積に占める帆の面積の割合は、4割を超えるという。表面積が大きければ大きいほど、体温は温まりやすい。この研究では、ペルム紀前期の寒冷な気候を考慮に入れたうえで、帆がディメトロドン・リムバトゥスに圧倒的な優位さを与えていたとしている。とくに早朝の冷え込んだ時間帯、帆をもたない大型動物（フロリダスたちによれば体重55kg以上の動物）は満足に動くことができなかった。いち早く体を温めることのできたディメトロドン・リムバトゥスは、こうした動きのにぶい獲物を難なく捕食することができたというわけである。

ただし、当然のように「帆＝温度調整機能」という指摘ばかりがなされるが、この見方自体は必ずしもすべての研究者のコンセンサスを得たものではない。2012年には、アメリカのウェスタン健康大学のエリザベス・A・レガたちが、ディメトロドン・ギガンホモゲネス（*Dimetrodon giganhomogenes*）に注目し、帆の骨に血管の痕跡が確認できないとして、はたして本当に温度調整機能があったのか、と疑問を投げかけている。

もっとも、先にエダフォサウルスの帆のところで紹介したフッテンロッカーによれば、ディメトロドンの帆の骨の内部には、エダフォサウルスの6倍以上の空隙があることが指摘されている。この空隙に血管を通せば、効率的な熱輸送は可能だったという。

一方、エダフォサウルスとディメトロドンの帆の役割については性的な役割があったという指摘も根強く、今後も議論が続いていくことだろう。

もう一つ、かつて「盤竜類」とよばれていたもののなかで、紹介しておきたい単弓類がいる。それが**コティロリンクス**（*Cotylorhynchus*）だ。[2-3-3]

コティロリンクスは、エダフォサウルスやディメトロドンのような帆はもっていない。この動物の特徴は帆ではなく、小さな頭である。全長3.5mをこす、この時代としては巨体のもち主ながら、その頭は20cmほどの長さしかない。じつに"17頭身"をこえる小さな頭のもち主

なのである。

　こうして長さの数値だけを見ても驚きだが、立体でコティロリンクス見ると、頭部の小ささはじつに際立っていることがわかる。胴が樽のように横方向にも広がっているにもかかわらず、頭部はほぼ正三角形に近いのだ。巨大な胴体から、にゅっと細い首がのび、その先に小さな頭がある。それがコティロリンクスなのである。

　植物食だったとみられており、その下顎は前後に動かすことができたらしい。大量の植物を体内に貯め込み、消化するために樽のような胴体は必要だったとみられている。

▼2-3-3
カセア類
コティロリンクス
Cotylorhynchus
ペルム紀を代表する単弓類の一つ。全長3.5m以上という大きな体をもちながら、極端に小さな頭が特徴的。樽のような胴体には、特段に長い腸が入っていたのかもしれない。写真は復元骨格。
(Photo：OPC3001-14024, Sam Noble Oklahoma Museum of Natural History)

コティロリンクスの化石は、ディメトロドンと同じくアメリカのテキサス州やオクラホマ州から発見されている（エダフォサウルスとも同じ）。ひょっとしたら、ディメトロドンにとって格好の獲物だったのかもしれない。

古生代最後の覇者

ディメトロドンがペルム紀前期の王者ならば、ペルム紀後期の帝王は「ゴルゴノプス類」とよばれる獣弓類（単弓類のなかの1グループ）のグループだ。

ゴルゴノプス類は、上顎に長く発達した犬歯を有する肉食性の動物である。化石は、アフリカ、ロシア、中国など、超大陸パンゲアの各地から産出する。全長は1mほどのものが多い。長い犬歯は、ずっとのちの時代に登場する「サーベルタイガー」とよばれる大型のネコたちを彷彿とさせる。サーベルタイガーがその犬歯を武器として活用したように、ゴルゴノプス類もまた長い犬歯を有効に使っていたことだろう。なお、サーベルタイガーとゴルゴノプス類には系統的なつながりはない。念のため。

ゴルゴノプス類を代表する種が**リカエノプス**（*Lycae-*

▼▶ 2-3-4
ゴルゴノプス類
リカエノプス
Lycaenops

ペルム紀後期の生態系に君臨したゴルゴノプス類の代表種。獣弓類の一つ。下の写真はその頭骨の化石である。鋭く長い牙が特徴。全長1m。右ページは復元図。

（Photo：Kenneth Angielczyk/the Field Museum of Natural History(FMNH UC 1513)） *nops*)だ。[2-3-4] このグループの最大の特徴である長い犬歯をもち、そして比較的長い四肢をもっていた。この四肢は、前脚と後脚で付き方が異なる。前脚は上腕骨が水平方向（体の側方）に向かって付いていたのに対し、後脚は体の下へとのびていたのである。前脚の付き方はこれまでに見てきた単弓類や爬虫類と同じだ。しかし、後脚の付き方は「直立歩行」とよばれる脚の付き方で、現在の哺乳類などと共通する。リカエノプスにはこうした哺乳類への進化の片鱗を感じる一方で、二次口蓋が未発達であるという原始的な特徴もある。

　ここでいきなり出てきた「二次口蓋」という言葉は、鼻腔と口腔を分ける壁（天井）のことである。私たちヒトは、口の中で舌を上に向けると、二次口蓋に当たって鼻の孔には届かない。つまり、鼻腔と口腔は完全に分離している。このおかげで、私たちは呼吸しながら食事をすることができる。

　すなわち、二次口蓋があるということは、食事に時間をかけることができることを意味している。じつはこの特徴は、哺乳類と、進化的な一部の獣弓類にのみ確

認されている。爬虫類、哺乳類と一部の獣弓類をのぞく多くの単弓類、両生類、魚類には二次口蓋はない。そのため、彼らの基本的な食事は「嚙み切って飲み込む」ことに限定されているのである。口の中でくちゃくちゃと咀嚼に時間をかけていたら、呼吸に差し障りが出てしまう。

さて、リカエノプスは二次口蓋をもっていない。その点では、まだ原始的な存在だった。そのほかにも歯や頭骨に、進化的な獣弓類や哺乳類がもつとされる特徴は確認することができない。

このように原始的な存在ではあるが、それはあくまでも哺乳類の進化を考えた場合で、ペルム紀の動物相のなかではかなりの強者だったことはまちがいない。同じゴルゴノプス類のなかには、下顎を90度まで開くことができたものもある。もちろん、長い犬歯を効果的に使うためとみられている。そのほか、口先には門歯があり、肉を切り裂くことにも不自由しなかったようだ。

カルー盆地に開いたペルム紀の"窓"

リカエノプスの化石は、南アフリカのカルー盆地から産出する。じつはこのカルー盆地こそが、ペルム紀末から三畳紀にかけての陸上生態系を覗くことのできる"窓"なのだ。アメリカ、カンザス大学のポール・A・セルデンと、イギリス、マンチェスター大学のジョン・R・ナッズが世界中の化石の良産地をまとめた『EVOLUTION OF FOSSIL ECOSYSTEMS』の第2版では、カルー盆地は「化石の保存性はきわめて良いとはいえないまでも、生命の進化を語る上で重要な化石が多数産出する」として紹介されている。

カルー「盆地」といってもその面積は非常に広大である。60万km^2と、じつに南アフリカ共和国の50%近くを占めている。日本の総面積の約1.5倍の広さだ。その全域にわたって「カルー層群」とよばれる地層が分布し(ちなみにカルー層群は、カルー盆地を"はみ出て"より広い地域に分布している)、石炭紀後期からペルム紀、三畳紀、

◀2-3-5
ディキノドン類
ディイクトドン
Diictodon

カルー盆地において最も数多く化石が発見される小型の獣弓類。全長45cm。

　そしてその次の時代であるジュラ紀の中期まで、幅広い時代をカバーしている。とくにペルム紀の地層からは多数の単弓類の化石を産出することで有名で、ペルム紀の陸上世界を知る上で欠かせないものとなっている。
　「ペルム紀の地層」といっても、カルー層群には多くの地層がある。そこで本章では、リカエノプスも産出し、『EVOLUTION OF FOSSIL ECOSYSTEMS』の第2版でも紹介されている「ティークローフ層」に焦点を絞って紹介したい。
　ティークローフ層は、約2億5700万年前の地層だ。この年代値は、ペルム紀末の一歩手前を意味している。当時、この場所は大きな河の畔にあったと考えられており、裸子植物であるグロッソプテリス（▶P.82）や、トクサ類、シダ類、ヒカゲノカズラ類などが生えていた。
　この地層から産出する動物化石のなかで、全個体数のじつに6割を占めているのが**ディイクトドン**（*Diictodon*）だ。2-3-5「ディキノドン類」という、獣弓類のなかで最も成功したグループに属する小型の動物で、体長45cmほどの、小さなダックスフントのような愛らしい姿をしている。地中に螺旋状の巣穴をつくって暮らしていた植物食の動物である。2-3-6
　豊富に出る化石は研究が進みやすい。アメリカ、ハー

115

▶2-3-6

ディクトドンのものと思われる巣穴の化石
スケールとして、中央やや左上にルーペが置かれている。そのルーペの大きさは3cm。
(Photo：Paul Selden)

▶2-3-7

ディクトドンの頭骨化石
2個体分。標本長約11cm。ともに右を向いている。左の個体が雌、右の個体が雄ではないかといわれている。
(Photo：Roger Smith, Iziko Museums of South Africa Natural History)

　バード大学のコーウィン・スリヴィアンたちは、2002年にディクトドンの性別に関する研究を発表している。この研究によれば、犬歯をもつ個体と、犬歯をもたない個体の発見数はほぼ等しいことが明らかになった。しかも、その犬歯自体、個体の成長にともなって長くなったらしい。スリヴィアンたちは、犬歯をもつ個体がおそらく雄であったとしている。2-3-7 通常、化石となった動物の雌雄を決めるのは容易なことではない。ディクトドンのケースは、圧倒的多数の標本を分析できたからこその結果といえるだろう。

　そして、ディクトドンの化石は、雌雄セットで発見されるものも少なくない。そのなかには、まるで抱き合っているかのように身を寄せ合うものもある。2-3-8 化石に

116　第2部 ● ペルム紀

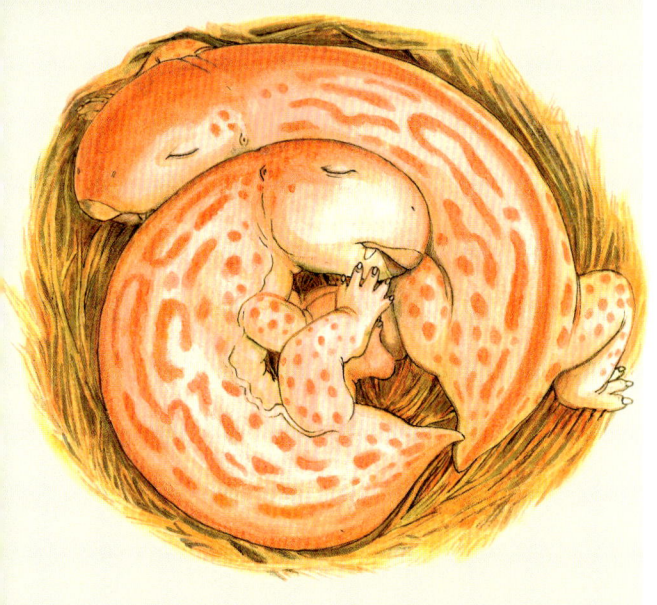

◀▲2-3-8
巣の中のディクトドン化石
2個体。標本長はそれぞれ45cmほど。小さく丸まった個体に寄り添うように，別の個体の化石がある。抱き合ったまま死んだ雌雄といわれている（ただし，ともに牙をもつので，兄弟かもしれない）。
(Photo：Roger Smith, Iziko Museums of South Africa Natural History)

▲▶ 2-3-9
**双弓類
ヨンギナ**
Youngina

5個体分が密集している標本。最も大きな個体が全長11cmほど。下は復元図。見た目は現在のトカゲとよく似ている。

(Photo：Roger Smith, Iziko Museums of South Africa Natural History)

　なったということは、その姿のまま死を迎えた可能性が高い。ディイクトドン夫婦の悲しい最期が見えてきそうである。

　ティークローフ層から発見されているのは単弓類の化石だけではない。双弓類（爬虫類）も確認されている。その代表が**ヨンギナ**（*Youngina*）だ。 2-3-9 全長40cmほどの、トカゲのような姿をした動物だ。おそらく昆虫などの小動物を食べていたのではないか、とされている。

◀▲2-3-10
ゴルゴノプス類
イノストランケビア
Inostrancevia

リカエノプスと同じゴルゴノプス類に属する獣弓類。全長3.5m以上と、ゴルゴノプス類では最大級の体格のもち主。写真は、佐野市葛生化石館所蔵標本。
(Photo：安友康博/オフィス ジオパレオント)

獣弓類たちの紳士録

　ペルム紀の獣弓類はじつに多様だ。本章の締めくくりとして、もういくつかの種も紹介しておきたい。
　まず、「最大級のゴルゴノプス類」として知られる**イノストランケビア**（*Inostrancevia*）だ。2-3-10 ロシアのペルム紀後期の地層から化石が産出し、頭骨の大きさだけで60cm以上になる大型種である。長い犬歯は13cm以上の長さがある。全長は3.5m以上。当時、最大級の捕

▼▶ 2-3-11

**ディノケファルス類
エステメノスクス**
Estemmenosuchus

全長4mになる大型の植物食の獣弓類。多数の突起が頭部にあり、独特の顔をつくっている。
(Photo：Gondwana Studios)

食者だった。「典型的なゴルゴノプス類」とされるリカエノプスは全長が1mほどだから、イノストランケビアがいかに大きいかがわかるというものだ。

　植物食の獣弓類として、同じくロシアから化石が産出する**エステメノスクス**(*Estemmenosuchus*)も忘れてはいけない。2-3-11 体長4mに達したとみられる大型の動物で、頭

骨の眼の穴や頬の上、鼻の上に突起がある。名前を忘れたとしても、この顔はそうそう忘れられるものではないだろう。

　南アフリカの項で紹介し損ねた**モスコプス**(*Moschops*)もまた、全長5mになったのではないか、と指摘される大型の獣弓類である。2-3-12 分厚い頭骨が特徴の植物食動物だ。四肢も頑丈で、「どっしり」という形容がこれまたよく似合う。

　ペルム紀の陸上世界では、のちの哺乳類へとつながる分類群である獣弓類がかくも繁栄を遂げていた。歴史に「if」はあり得ないが、ペルム紀末の大量絶滅が発生しなければ、恐竜をはじめとする爬虫類の繁栄も、哺乳類の誕生時期も、ちがうものとなっていたことだろう。しかし、その大量絶滅が、すべての歴史を変えることになる。

▲2-3-12
ディノケファルス類
モスコプス
Moschops

エステメノスクスと同じグループに属する獣弓類。ただし、モスコプスの頭部にはエステメノスクスのような突起はない。全長5mともいわれる大型種。

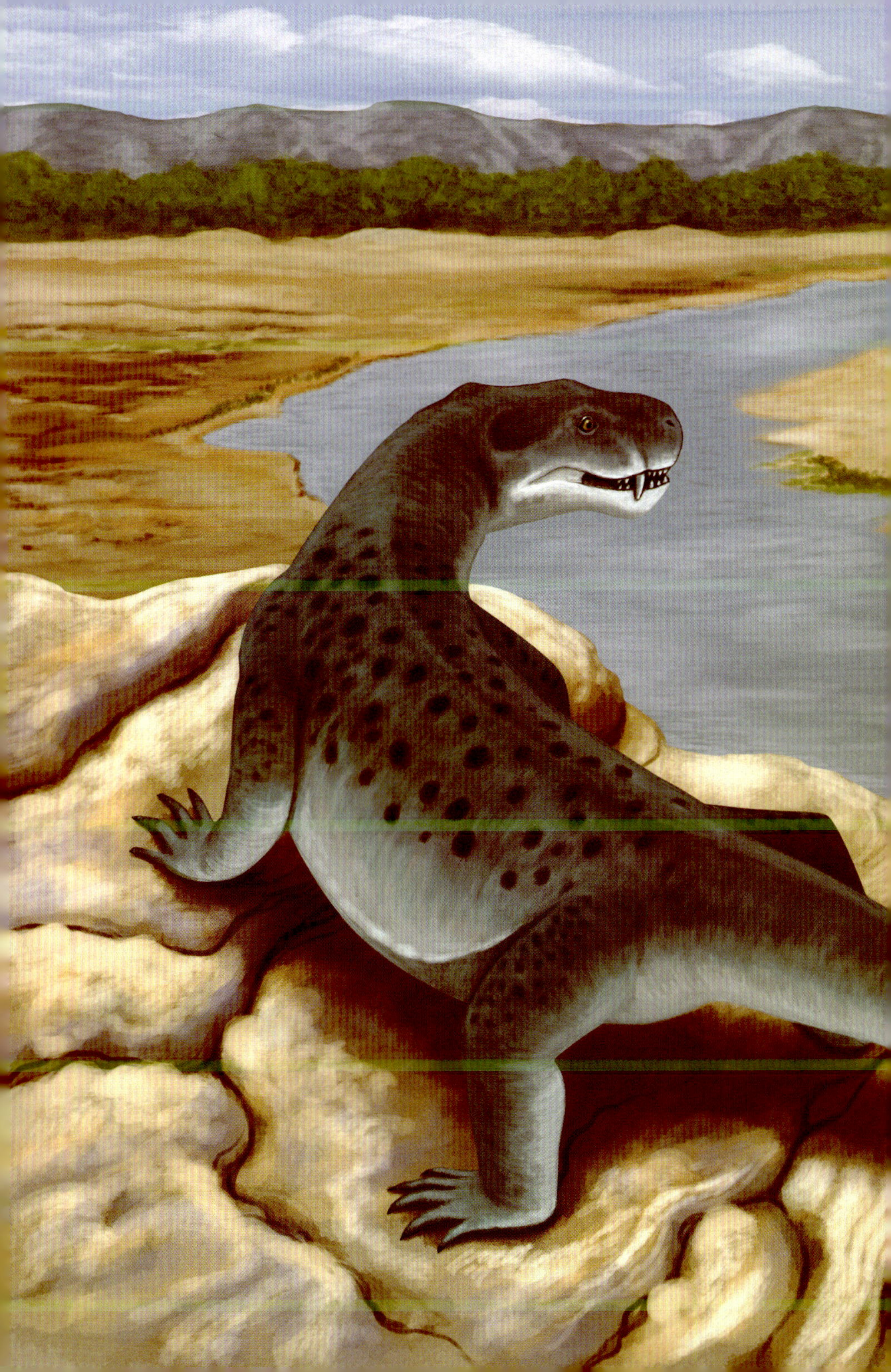

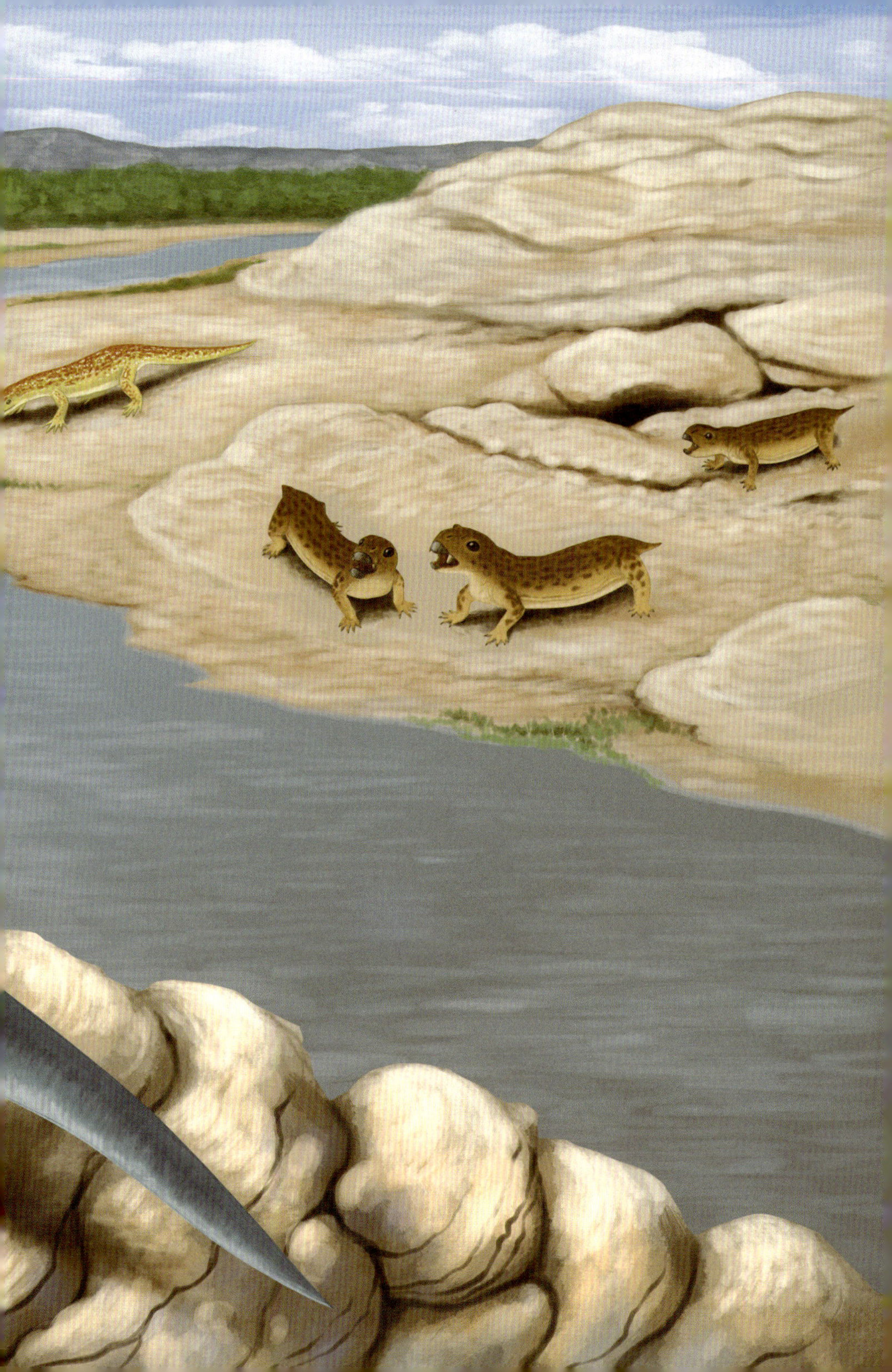

4 史上最大の絶滅事件

絶滅率90%以上

アメリカ、シカゴ大学のデビット・M・ラウプとJ・ジョン・セプカウスキが、これまでに発見された全地質時代の膨大な化石データをまとめる、ということを1970年代の末からやっている。その結果、生命史には「ビッグ・ファイブ」といわれる5回の大量絶滅があったことが明らかになった。

ビッグ・ファイブの第3回にして「史上最大」とされる規模の大量絶滅が起きたのがペルム紀の末期である。ラウプが1979年に見積もったところでは、海棲生物に限定した数字ではあるが、科のレベルで52％、属のレベルで65％、その種のレベルで96％におよぶ規模の絶滅だったという。

96％である！

この数字は、他の追随を許さない圧倒的な数値だ。研究者によってこうした見積もりには差が出るものの、ペルム紀末に次いで威力のあったオルドビス紀末の大量絶滅と比較して、1.5～2倍の規模になる。

この絶滅によって、それまで栄えていた、いわば「古生代型の動物群」の多くが消え、新たに「現代型動物群」が急速に成立した。「中生代型」ではなく「現代型」がこの機会に成立していることがポイントである。つまり、この大絶滅は"旧タイプの動物"と"新タイプの動物"を分ける境界となったのだ。『古生物学事典　第2版』（2010年刊行）では、「これほど明瞭な動物群の入れ替わりは他に例がない」としている。

古生代最後の時代の魚たち

大量絶滅前の海洋世界に注目したい。「滅び」が訪

▲2-4-1
軟骨魚類
ヘリコプリオン
Helicoprion

螺旋状に並んだ歯の化石。この歯の主をめぐって、研究者は議論を重ねてきた。
(Photo：Corbis/amanaimages)

れる前、海はどのような姿を見せていたのだろう？
　ペルム紀の魚類のなかで、ぜひとも紹介しておきたい魚類が5種いる。その筆頭を飾るのは、軟骨魚類の**ヘリコプリオン**（*Helicoprion*）である。2-4-1
　ヘリコプリオンは歯の化石だけが知られている魚類である。アメリカ、アイダホ州の約2億7000万年前の地層から発見されたその化石の形は実に珍妙で、直径23cmの渦を巻きながら、117個の歯が渦の外に向いて並んでいるのである。渦巻きは計4周あり、外側に行くほど歯のサイズは大きくなる。
　ヘリコプリオンの分類と復元を巡り、研究者は1世紀以上にわたって試行錯誤を続けてきた。分類に関しては、歯の形と構造から、早い段階で軟骨魚類のものとみなされたが、サメの仲間（板鰓類）なのか、それともギンザメの仲間（全頭類）なのかが定まらなかった。復

2-4-2
ヘリコプリオンをめぐる、過去100年以上の試行錯誤。(イラスト：Ray Troll)

Karen Carr 2012 →
Todd Marshall ↙ 2005 or so..
IVY RUTZKY 1998 ↗
Ray Troll + Gary Staab ↖ 2001
Ray Troll ← 1997
John Long 1995 ↗
Richard Ellis ← 2001
Karpinsky 1902
Eaton 1962
Heinrich Harder 1906 ↘
Lebedev 2009 →

▼2-4-3
新たに分析された
ヘリコプリオンの化石
CTスキャンの結果、口蓋（上あご）の形（下段のCGにおける緑色）、下あごの骨（同青色）、口唇（同赤色）の存在などが明らかになった。母岩の長軸が約30cm。
（Photo：Idaho Museum of Natural History）

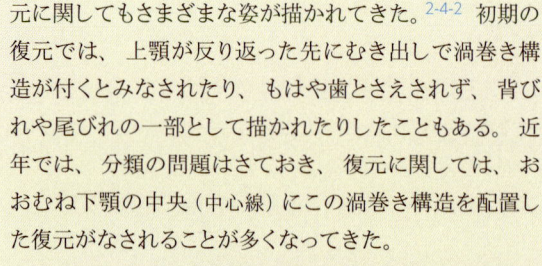

元に関してもさまざまな姿が描かれてきた。2-4-2 初期の復元では、上顎が反り返った先にむき出しで渦巻き構造が付くとみなされたり、もはや歯とさえされず、背びれや尾びれの一部として描かれたりしたこともある。近年では、分類の問題はさておき、復元に関しては、おおむね下顎の中央（中心線）にこの渦巻き構造を配置した復元がなされることが多くなってきた。

アメリカ、アイダホ州立大学のレイフ・タパニラたちは、ヘリコプリオンの化石標本をCTスキャンで精査し、コンピュータ上で3D復元するという研究を2013年に発表した。2-4-3

研究に使われたのは、アイダホ州自然史博物館所蔵の「IMNH 37899」という標本番号をもつ化石で、1950年にアイダホ州で発見されたものである。CTスキャンの結果、これまでは歯しかないと思われていた岩石の中に、上顎と下顎が残されていることが判明した。そしてさらに、上顎の関節に確認された構造が、ギンザメの仲間のものと一致したのである。この発表は、1世紀以上にわたるヘリコプリオンの「サメの仲間 VS ギンザメの仲間論争」に大きな一石を投じることとなった。

復元に関しては、近年の主流

ヘリコプリオンの新たな復元図
全頭類（ギンザメの仲間）とみられている。

128　第2部　ペルム紀

である下顎の中央に渦巻き構造をもつ姿が、この研究でもおおむね支持された。ただし、ギンザメの仲間と分類されたことで、サメの仲間（板鰓類）として復元されたものとは、鰓孔（軟骨魚類の顎の後ろに開いているスリット）やひれの配置が異なる復元となる。

この珍妙な歯は、そもそも何の役に立ったのか？タパニラたちは、当時隆盛を誇っていた頭足類の捕食する際に役立ったかもしれない、として論文の末尾を閉じている。

そのほか残りの4種の紹介に移ろう。まず、サメの仲間である**クセナカンタス**（*Xenacanthus*） 2-4-4 と**オルサカンタス**（*Orthacanthus*） 2-4-5 の2種に注目したい。

クセナカンタスもオルサカンタスも長いトゲをもつ一風変わったサメである。クセナカンタスは全長70cmほどで、頭部の付け根から1本の長いトゲを後方にのばしていた。背びれが長く、ほかの多くのサメ類のように上下に発達した尾びれはもっていない。なお、オルサカンタスはクセナカンタスとよく似た姿をしており、後頭部にトゲをもつ。オルサカンタスに関しては、1999年にベルリン大学のロドリゴ・ソレア-ギヨンが、アメリカのカンザス州の石炭紀後期の地層から産出した化石を分析し（オルサカンサスの化石は、石炭紀からも産出する）、後頭部のトゲが成長にともなってしだいに長くなっていったことを指摘している。

4種類目は、**アカントデス**（*Acanthodes*） 2-4-6 だ。サメのなかま（軟骨魚類）ではなく、いち早くアゴを獲得したことで知られる棘魚類の仲間である。棘魚類は、デボ

▲▼2-4-4
**軟骨魚類
クセナカンタス**
Xenacanthus

頭部から1本のトゲがのびるサメ。写真は、豊橋市自然史博物館所蔵標本。
（Photo：安友康博/オフィス ジオパレオント）

▲▶ 2-4-5
軟骨魚類
オルサカンタス
Orthacanthus

クセナカンタスと同じく、頭部から1本、トゲがのびるサメ。
(Photo : PaleoDirect.com)

◀▼ 2-4-6
棘魚類
アカントデス
Acanthodes

棘魚類は、ヒレの前縁にトゲがあることが特徴。本種は、胸びれのトゲが著しく長くなっている。国立科学博物館地球館地下2階で撮影。
(Photo : 安友康博/オフィス ジオパレオント)

▲2-4-7
シーラカンス類
コエラカンタス
Coelacanthus

「シーラカンス」の名の由来になった種。ドイツ産。全長59cm。

ン紀においてすでに繁栄のピークを過ぎており、ペルム紀においては衰退の一途を辿っていた。彼らはペルム紀末の大量絶滅で姿を消す運命にある。アカントデスはそんな衰退期の棘魚類にあって、グループ随一の情報量を現在に残している。とくに鰓弓や脳函の化石は、棘魚類のなかではアカントデスのものだけが発見されており、また、鱗も、アカントデスのものは1つの基準として扱われることが多い。

　アカントデスの化石は、第1部第3章で紹介したメゾンクリークなどの石炭紀の地層からも産出する(▶P.52)。その登場時期を見ても、"後期形"の棘魚類であることは確かである。ピーク時に出現した他種と比較すれば、体は細くウナギ形となり、口には歯がなくなって、胸びれを支えるトゲが著しく長くなるなど、いささか特殊化していた。

　紹介しておきたいペルム紀の魚類の最後の1つは、**コエラカンタス**(*Coelacanthus*)である。2-4-7　コエラカンタスは、「シーラカンス」の名前の由来となった魚だ(属名を英語読みしてみていただきたい)。体長は60cmほどと、現生のシーラカンス類(ラティメリア：*Latimeria*)と比べると3分の1に満たない。ドイツのペルム紀の地層から化石が発見されている。姿かたちの基本はラティメリアと似て、胸びれ、腹びれ、第2背びれ、第1臀びれに骨格と筋肉でできた"腕"をもち、脊椎をもたず、脊柱がチューブ状になっている。ただし、全体としてはいささか魚雷型である。

「究極の無気力戦略」の終焉

　古生代を代表する海洋無脊椎動物に「腕足動物」がいた。カンブリア紀に出現し、オルドビス紀になって目立つ存在となり、デボン紀には大勢力を築いていた動物である。

　「大勢力」といっても、その外見はいたって地味なもので、一言でいえば、二枚貝類によく似ている。ただし、二枚貝類とはちがって二枚の殻は非対称で、たとえばある種では、片方が大きく凸型になっていれば、もう片方は大きく凹型になっている。殻の内部はもっと珍妙で、螺旋状の骨格（腕骨）とその上にある触手（触手冠）、そして触手冠が付着する部分に小さな"本体"があるのみだ。

　腕足動物は、デボン紀の時点ですでに「究極の無気力戦略」を手に入れていた。ある腕足動物のグループは、殻の口をあけるだけで、自然と水が殻の内部に入り込み、その水流から螺旋状の触手冠が効率よく有機物を摂食する。なんら苦労することなく、腕足動物は日々の食料にありつけたのである。この腕足動物グループのことを「スピリファー類」という（詳細は、前巻の『デボン紀の生物』を参考にされたい）。

　その後、デボン紀後期に発生した大量絶滅事件を経て、腕足動物には新たに「プロダクタス類」とよばれるグループが台頭し、石炭紀とペルム紀を通じてスピリファー類との2強時代を築いていた。

　プロダクタス類の腕足動物は**ワーゲノコンカ**（*Waagenoconcha*）に代表される。2-4-8 その姿はまるで雪かき用のスコップのようで、二枚の殻に厚みはない。開閉軸付近の左右に「耳」とよばれる小さな三角形の突起が付いている。殻の内部にはスピリファー類のような螺旋状の腕骨をもたず、背側にちょっとした盛り上がりがあり、そこに渦状の薄い濾過器官をもっていた。

　新潟大学の椎野勇太は、2000年代後半から進めていた研究で、ワーゲノコンカの形がじつに効率的なものだったことを明らかにしている。椎野はワーゲノコンカ

▲2-4-8
腕足動物
ワーゲノコンカ
Waagenoconcha

プロダクタス類とよばれるグループに属する腕足動物の化石。幅6cm。スウェーデン産。下は背殻側から、上は左側面から撮影されたもの。
（Photo：椎野勇太）

の殻の模型をつくり、水槽の中で水の流れを調査する実験を行った。すると、あらゆる方向の水流が、「耳」の隙間から殻の内部に自然と流入することがわかった。水流は殻の内部でゆるやかに渦を描き、薄い濾過器官を取り巻いたあと、殻の口のわずかな隙間から出ていくのである。つまり、ワーゲノコンカは「ただそこにいるだけで」水流から餌となるプランクトンなどを濾し取ることができたのだ。腕足動物は、自分の軟組織を極限まで"そぎ落とし"、自分自身の動きは最小限にして、殻の形だけで食事が成し遂げられるように進化してきたわけである。「無気力」というか、「自堕落」というべきか。とにかく、その極みにあったわけである。

　「うらやましい」と思う読者もいるかもしれない。しかし、話は最後まで読んだ方がいい。椎野は2013年に刊行した著書『凹凸形の殻に隠された謎』のなかで、「無駄をそぎ落とした機能や形は、ぎりぎりの適応状態になりやすく、さらなる形の改変は難しくなる。また、一見すると見分けがつかないような少しの変化で、機能不全に陥る可能性も秘めている」と指摘している。

　実際、ペルム紀末の大量絶滅事件で腕足動物は大打撃を受け、とくにワーゲノコンカのようなプロダクタス類は完全に姿を消すことになった。スピリファー類も、その数を激減させ、中生代ジュラ紀には完全に滅ぶ。腕足動物は現在も存在こそしているものの、その数は圧倒的な少数派だ。彼らが主役になることは二度となかったのである。

　ちなみに余談かもしれないが、椎野の著した『凹凸形の殻に隠された謎』は、将来、古生物学を志す高校生や中学生の読者にはぜひ一読いただきたい良書である。古生物学に奮闘しながらのめり込んでいく著者の姿がじつに赤裸々に描かれているので、参考になるはずだ。筆者も学生時代を思い出し、思わず相づちを打ちながら読了した。

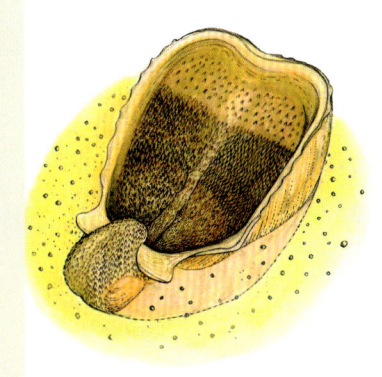

ワーゲノコンカの復元図
半埋没したこの姿勢でいるだけで、水流が殻の内部に自然に入っていった。

ギリギリまで追いつめられたアンモナイト、トドメを刺された三葉虫

「古生代を代表する」というよりは、「古生物を代表する」といっても過言ではないのが、アンモナイトと三葉虫だろう。恐竜に次ぐネームバリューのある者たちである。

これらのうち、アンモナイト類（正確にいえばアンモノイド類と書くべきだが、本シリーズではアンモノイド類も便宜上、アンモナイト類とよんでいる）はデボン紀前期には登場し、デボン紀末までには、よく知られる平面螺旋巻きの形態にまで進化していた。

その後、彼らはどのような運命をたどったのか？

1989年に、イギリス、サウサンプトン大学のM. R. ハウスがアンモナイト類の進化と多様性の変化をまとめた研究を発表している。この研究によれば、アンモナイト類はデボン紀の間、順調に多様性を増加させ、デボン紀後期に最初のピークを迎えていた。しかしその後、次第に数を減らし、デボン紀末にはわずかなグループが生き残るのみとなった。石炭紀とペルム紀のアンモナイト類は、この生き残りから進化し、多様化したものである。

おおむね、石炭紀とペルム紀はアンモナイト類の繁栄期だったといえるだろう。ハウスのまとめによれば、とくに石炭紀後期からペルム紀前期の間は、どんなに少ないときでも、デボン紀のピーク時以上の多様性があったという。

しかし、ペルム紀中期から急速に数を減らし、ペルム紀末期の大量絶滅直前には、またわずかなグループだけとなっていた。そして、ペルム紀末の大量絶滅で完全絶滅

▼2-4-9
アンモナイト類
パラセリテス
Paracelites
ペルム紀末の大量絶滅を生き抜くことになる、セラタイトの仲間のアンモナイトの化石。アメリカ、テキサス州産。長径1.9cm。
(Photo：The Valdosta State University, Virtual Museum of Fossils)

寸前まで追いつめられる。しかし、「プロレカニテス類」または「セラタイト類」という二つのアンモナイト類グループが生きのびて、なんとか命脈をつなぐことに成功した。2-4-9 どちらも、のちの時代（たとえば、白亜紀）のアンモナイト類と比較すればひかえめな姿で、肋（殻に見られる突起）の発達が弱い。ちょっと解説がしづらいグループだ。

ちなみに、三畳紀に入ってからセラタイトの仲間は大繁栄を遂げ、肋が発達したり、イボをもつようになったり、「巻き」がとけた"異常巻き"も生まれたりするようになる。詳細は次巻を待たれたい。

もう一方のプロレカニテス類は、三畳紀に入ったのちは鳴かず飛ばずといった具合で、ほどなく絶滅する運命にある。なお、いったい何がアンモナイトの仲間のなかで生死を分ける決め手になったのかは、よくわかっていない。

石炭紀のものではあるが、アンモナイト類の研究において重要な発見を一つ紹介しておきたい。アメリカ、カンザス州の地層から発見されたアンモナイト類の卵殻の化石だ。2-4-10 1993年に東京大学の棚部一成たちに

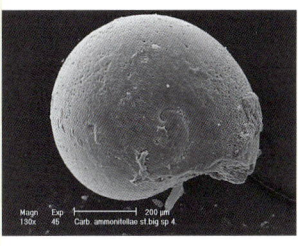

▲2-4-10
アンモナイト類の幼殻の密集化石
下は、上の密集化石から取り出したアンモナイト類の胚殻（卵の中でできた殻）。詳しくは本文も参照。
（Photo：棚部一成）

よって報告されたもので、大きさ1mmに満たない小さな殻の化石が密集していた。棚部たちはこの卵殻の群集を分析し、破損や摩耗が見つからないことなどから、産み落とされた場所でそのまま化石化したか、あるいは海流などで流されたのだとしても、さほど移動していないものとみている。小さな卵をまとめて産む状況は、現生のイカの仲間のそれによく似ているという。

　三葉虫類に話を移そう。彼らはだいぶ前から"危険な状態"にあった。カンブリア紀に登場した三葉虫類は、カンブリア紀とオルドビス紀に大繁栄した後、シルル紀にはその数を半分以下にまで減少させていた。そして、石炭紀以降には、「プロエタス類」という三葉虫グループだけが生き残っていた。このグループの三葉虫は、基本的に流線型の体はもつものの、たとえばデボン紀の三葉虫に見られたような、大きなトゲの武装はもっていない。

　2003年、イギリスの国立ウェールズ博物館のロバート・M・オーウェンは、ペルム紀の三葉虫についてまとめ、プロエタス類の5属のみがペルム紀末の大量絶滅にまでたどり着いたと記している。その5属とは、**ケイロピゲ**(*Cheiropyge*) 2-4-11、

▼2-4-11
三葉虫類
ケイロピゲ
Cheiropyge
ペルム紀の最末期まで生きた三葉虫類の一つ。写真は頭部の化石。宮城県産。標本長6mm。
(Photo：オフィス ジオパレオント)

ケイロピゲの全身の復元図。

カスワイア（*Kathwaia*）、パラフィリプシア（*Paraphillipsia*）、アクロピゲ（*Acropyge*）、シュードフィリプシア（*Psudophillipsia*）である。これらの化石は、パキスタンや中国、ロシア、そして日本の宮城県などから産出する。これら最後まで生き残った5属も、大量絶滅で姿を消した。かつて隆盛を誇った三葉虫の完全な絶滅は、古生代型動物群の滅びを特徴づけるものとなった。

陸上生物の滅亡は？

ここまで、ペルム紀の海を覗いてきた。

では、陸地ではどうなのだろう？ペルム紀末が近づいたとき、陸上生態系にはどのような変化が起きていたのだろうか？まず、第2部第3章（P.114）でも登場した南アフリカのカルー盆地に注目してみよう。やはり『EVOLUTION OF FOSSIL ECOSYSTEMS』の第2版が良い資料となる。

カルー盆地に分布するいくつかの地層のなかで、バルフォア層にペルム紀末と三畳紀初頭の記録がある。その記録によれば、ペルム紀末に向かってこの地域は急速に乾燥していったらしい。そして、しだいに脊椎動物が絶滅していったという。じつに、当時のカルー盆地に生息していた約69％にあたる脊椎動物種が、ペルム紀末の大量絶滅事件を待たずして姿を消していた。第3章でも登場し、圧倒的な繁栄を誇っていたディクトドン2-4-12（▶P.115）も、生態系の頂点に君臨していたはずのゴルゴノプス類2-4-13（▶P.112）も、大量絶滅事件に先んじて姿を消したとされる。

その一方で、**リストロサウルス**（*Lystrosaurus*）のような一部の獣弓類は、大量絶滅事件を乗りこえることに成功している。2-4-14 リストロサウルスは、頭胴長1mほどのディキノドン類（ディクトドンと同じグループ）で、短足と長い犬歯でよく知られている。この動物の化石はアフリカのみならず、南極やアジア、ヨーロッパなどの各地から発見されており、パンゲアの存在を証明する証拠の一つとなっている。リストロサウルスは一般には、三

▲2-4-12
ディクトドン
ペルム紀のカルー盆地で繁栄していた。

▲2-4-13
リカエノプス
ペルム紀のカルー盆地の生態系で頂点に君臨していたゴルゴノプス類の一つ。

▲2-4-14
**ディキノドン類
リストロサウルス**
Lystrosaurus

ペルム紀末期に出現し、ペルム紀末の大量絶滅を生き抜いた獣弓類。頭胴長1mほど。三畳紀前期の化石も含めると、アフリカ、南極、アジア、ヨーロッパから化石が産出する。そのため、ウェゲナーの大陸移動説の証拠の一つとなっている。

畳紀前期を代表する獣弓類として知られているが、少なくともカルー盆地では、ペルム紀末に登場し、大量絶滅事件を乗りこえた。

では、陸上の無脊椎動物についてはどうなのか？

アメリカ、国立自然史博物館のコンラッド・C・ラバンデイラと、シカゴ大学のJ・ジョン・セプコスキ・Jrが1993年にまとめた昆虫の化石記録が一つのデータとなるだろう。この研究では、ペルム紀に存在していた27の昆虫グループ（分類単位でいう「目」のレベル）のうち、8グループが、ペルム紀末に姿を消したことが指摘された。「科」のレベルでの絶滅率はさらに高く、ペルム紀後期から末期にかけてのその数値は約65％になる。ちなみに、昆虫の歴史のなかで、ペルム紀末の次に高い科の絶滅率は、石炭紀末からペルム紀にかけての約36％だから、彼らにとってペルム紀のイベントの影響がいかに大きかったのかがよくわかる。

絶滅の原因は何なのか？

海と陸の両方で多くの生物を追いつめたペルム紀末の大量絶滅事件。これまでの研究では、この絶滅事件が2段階にわたって起きたことが明らかになっている。1回目と2回目の絶滅は、1000万年に満たない時間をあけて連続して発生した。

では、この史上最大、空前絶後の大量絶滅の原因は何なのだろう？
　答えから先にいってしまえば、原因はまだ特定されていない。アメリカ、国立自然史博物館のダグラス・H・アーウィンは、2006年に刊行した著書『大絶滅』（邦訳版は2009年刊行）のなかで、絶滅の原因を、六つの仮説に集約している。ここで同書を参考に、それぞれの仮説の骨子と、その仮説のもつ弱点をまとめてみたい。

【仮説1】　隕石衝突
いわずと知れた中生代白亜紀末の大量絶滅事件と同じように、その絶滅の原因を地球外に求めるという仮説だ。ただし、白亜紀末の隕石衝突が、多くの物証にもとづいて検証されていることに対し、ペルム紀末に関しては隕石の衝突によってできたとみられるクレーターがいまだ特定されておらず、また、隕石が衝突したのであれば検出されるはずの地球外物質の濃集に関するデータも研究者によってばらつきがあるなど、いささか"証拠"が弱い。

【仮説2】　大規模な火山活動
シベリアに「洪水玄武岩」とよばれる巨大な溶岩の塊がある。いや、それはただの「塊」とはとてもよべない代物で、約700万km^{2}の面積、厚さは3000〜6000mになる。日本の国土の約19倍の広さと、富士山級かそれをはるかにしのぐ厚さの溶岩なのだ。これは、とてつもなく大規模な火山活動があったことを意味する。この洪水玄武岩が噴出した年代は、ペルム紀末の大量絶滅時期と一致する。シベリアの洪水玄武岩を根拠とする仮説の絶滅シナリオは、このときに噴出した火山灰などによって、地球は大量の塵で覆われ、太陽光が遮られ、植物の光合成が行われなくなり、そして植物が減り、植物食の動物が減……というものである。ただし、火山噴火と生物の絶滅にここで述べたような因果関係が本当にあるのかどうかがはっきりしていない。

【仮説3】　パンゲア超大陸誕生による生物区の減少

唯一無二の超大陸と超海洋ができた結果、そこに生息する生物たちの間に生存競争が起きたとみる仮説である。競争の結果、種が淘汰され、数を減らしたというわけだ。しかし本書でも見てきたように、パンゲア超大陸の完成時期と、絶滅の時期は大きくずれている。パンゲア超大陸は、ペルム紀が始まるころにはほぼ完成していたのである。

【仮説4】　大規模な寒冷化

大規模な寒冷化が発生すると、海水準が低下し、浅海域が陸化する。その結果、浅海域に生息していた膨大な生物群が死滅する、というものだ。この仮説は海における大量絶滅を説明することはできるかもしれないが、陸上動物の絶滅に関しては明解とはいえない。それにそもそも、海水準低下を引き起こすほどの大陸氷河が形成されていた証拠は、ほとんどない。

【仮説5】　海洋の無酸素化

東京大学の磯崎行雄によって提唱されたもので、約2000万年間にわたって、深海から酸素が消えたというものである。酸素がなくては動物は呼吸することがかなわず、これによって大量絶滅が起きたとする。この事件は「スーパーアノキシア（Superanoxia：超酸素欠乏事件）」とよばれる。少なくとも深海が無酸素状態にあったことは、当時つくられた岩石が物語っており、その意味では物証に基づいている。ただし、この仮説も海に限定されていて、海洋の酸素欠乏がどのように陸上動物に波及したのかは説明できていない。

【仮説6】　オリエント急行殺人事件説

これは一瞬、「？」と思うかもしれないが、アーウィンのお気に入りの命名でもある。有名なアガサ・クリスティの推理小説に基づくものだ。名探偵エルキュール・ポワロが活躍する作品で、すでにお読みの方はこの仮説名が意味するところがわかるだろう。アーウィンは『大

絶滅』のなかで、ポワロがたどり着いた結論を披露している。披露をしているからこそその仮説名なのだが、筆者は推理小説ファンの一人としてその結論を紹介することはできない。この仮説名の意味がわからない方には、ぜひともアガサ・クリスティの同名小説の一読を薦めたい。

さて、仮説2は、提唱されるいくつかの仮説の中心にあるといえる。
　磯崎は仮説2と仮説5を組み合わせた「プルームの冬仮説」を提唱している。プルーム、つまり、マントル内部の対流現象が大量絶滅に関係しているというのだ。
　プルームの冬仮説では、マントル内部では大規模なプルームが上昇し、大規模な火山活動を引き起こしたことからシナリオが始まる。その結果、シベリアの洪水玄武岩がつくられる。同時に大量の火山ガスと粉塵が大気中に放出され、そして厚い雲が形成される。日光が遮られ、光合成ができなくなった地上植物はその数を減らし、海洋では植物プランクトンが死滅して酸素が失われていく。スーパーアノキシアの発生というわけだ。
　また、2013年には、アメリカのマサチューセッツ工科大学のベンジャミン・A・ブラックたちも仮説2の洪水玄武岩に着目した研究を発表した。ブラックたちは、洪水玄武岩ができたときに放出された火山ガスの影響をコンピュータモデルによって推測した。その結果、このときに放出された火山ガスによって、強烈な酸性雨が降り、また上空のオゾン層も大きなダメージを受けていたことが明らかになった。火山ガスによる温暖化も発生したとみられている。酸性雨もオゾン層崩壊による紫外線の増加も温暖化も、とくに地上の生物に大きなダメージを与えたことだろう。
　このまま仮説2が中心となって謎解きが進められるのか、それとも仮説1の有力な証拠が発見されるのか。それともほかの仮説が力をもつのか。はたまた、第7の仮説が登場するのか。史上最大の大量絶滅をめぐる謎解きは、今なお、論争の最中にある。

第2部　ペルム紀

エピローグ

生き残ったのは……

　絶滅率96%という数値もあるなかで、では実際にどのような動物がペルム紀末の大量絶滅を生き延びることができたのか？

　陸では、獣弓類の一部が生き残り、次の時代へと命脈を繋げることになった。次の時代、つまり中生代三畳紀は、一般には「恐竜が登場した時代」として知られている。しかし、恐竜が登場するのは三畳紀後期からであり、三畳紀が始まった当初は、ペルム紀からの生き残りである獣弓類が多様化を進めていた。

　海では、かろうじて生き延びたアンモナイト類が、三畳紀に大いに繁栄することになる。

　ここに一つの注目すべき点がある。

三畳紀に繁栄するアンモナイト類「セラタイト」の仲間
三畳紀にはまた新しい世界が海と陸に構築されることになる。

第4章で紹介した『大絶滅』の著者アーウィンは、著書のなかでシャーロック・ホームズの台詞を引用しながら、「三畳紀の奇妙な出来事といえば、新しい門や綱が出現しなかったことである」と指摘している（アーウィンも相当な推理小説ファンであると筆者はみている）。古生代の長い歴史のなかで築かれた生態系は、この絶滅によって多くの場面でリセットされることになった。それにも関わらず、新たな動物門や綱などは生まれなかった。あくまでも、「生き残り」による各地位の奪取によって中生代は築かれていくのである。

　さあ、本シリーズもこれで折り返し点だ。
　エディアカラ紀以降の13の地質時代のなかで、当巻までで7つの時代を見てきた。次巻以降は、新たな時代として中生代が待っている。「古生物の面白さ」を伝えるフラッグシップとして栄光を受ける恐竜が登場し、空には翼竜が、海ではクビナガリュウたちがその繁栄を謳歌する。そんな「爬虫類時代」を動植物はどのように生きていくのか。ご期待いただきたい。

アンモナイト類の系譜
石炭紀以降のアンモナイト類（アンモノイド類）の系譜（概要）。ペルム紀末の大量絶滅でゴニアタイトの仲間が姿を消し、プロレカニテスの仲間とセラタイトの仲間がその絶滅を生き抜いた。このうち、セラタイトの仲間から狭義でいうところのアンモナイトの仲間が出現することになる。『アンモナイト学』を参考に制作。

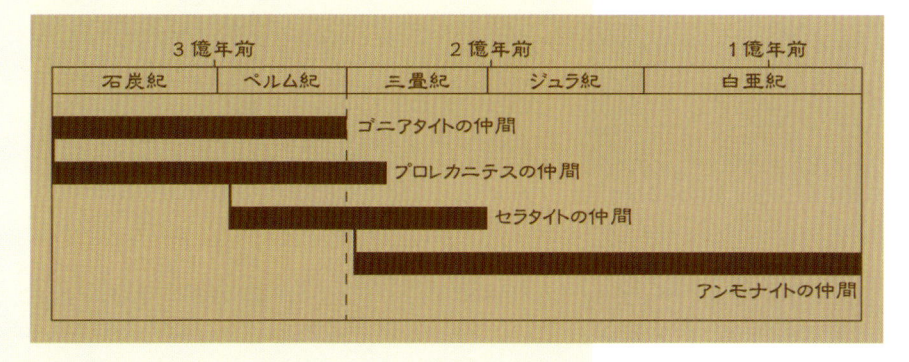

	3億年前		2億年前		1億年前
石炭紀	ペルム紀	三畳紀	ジュラ紀	白亜紀

ゴニアタイトの仲間
プロレカニテスの仲間
セラタイトの仲間
アンモナイトの仲間

もっと詳しく知りたい読者のための参考資料

本書を執筆するにあたり、とくに参考にした主要な文献は次の通り。なお、邦訳があるものに関しては、一般に入手しやすい邦訳版を挙げた。また、webサイトに関しては、専門の研究機関もしくは研究者、それに類する組織・個人が運営しているものを参考とした。Webサイトの情報は、あくまでも執筆時点での参考情報であることに注意。

※本書に登場する年代値は、とくに断りのない限り、
　International Commission on Stratigraphy, 2012, INTERNATIONAL STRATIGRAPHIC CHARTを使用している

【第1部 第1章】
《一般書籍》
『古生物の総説・分類』編：速水 格、森 啓、1998年刊行、朝倉書店
『生物学辞典』編：石川 純、黒岩常祥、塩見正衞、松本忠夫、守 隆夫、八杉貞雄、山本正幸、2010年刊行、東京化学同人
『FOSSIL CRINOIDS』編：H. Hess, W. I. Ausich, C. E. Brett, M. J. Simms, 1999年刊行, Cambridge University Press
《雑誌記事》
『古生代に一大勢力を築いた棘皮動物類 ウニ・ヒトデ・ナマコたち―5億4000万年の軌跡―』Newton 2011年2月号、p116-117、ニュートンプレス
《学術論文》
C. R. C. Paul, A. B. Smith, 1984, The early radiation and phylogeny of Echinoderms, Biol. Rev., vol.59, p443-481

【第1部 第2章】
《一般書籍》
『シーラカンス』著：籔本美孝、2008年刊行、東海大学出版会
『地球大進化3 大海からの離脱』編：NHK「地球大進化」プロジェクト、2004年刊行、NHK出版
『Early Vertebrates』著：Philippe Janvier、1996年刊行、Oxford Scinece Publications
『GAINING GROUND SECOND EDITION』著：Jenifer A. Clack、2012年刊行、Indiana University Press
『The Rise of Fishes』著：John A. Long、2011年刊行、The Johns Hopkins University Press
『Vertebrate Palaeontology THERD EDITION』著：Micael J. Benton、2005年刊行、Blackwell
《WEBサイト》
Fossil Fishes of Bear Gulch
　http://people.sju.edu/~egrogan/BearGulch/
《学術論文》
John G. Maisey, 2009, The spine-brush complex in symmoriiform sharks (Chondrichthyes; Symmoriiformes), with comments on dorsal fin modularity, Journal of Vertebrate Paleontology, vol. 29, no. 1, p14-24
M. I. Coates, S. E. K. Sequeira, 2001, A new stethacanthid chondrichthyan from the lower Carboniferous of Bearsden, Scotland, Journal of Vertebrate Paleontology, vol.21, no.3, p438-459
M. I. Coates, S. E. K. Sequeira, I. J. Sansom, M. M. Smith, 1998, Spines and tissues of ancient sharks, nature, vol. 396, p729-730
Richard Lund, 1985, The morphology of *Falcatus falcatus* (St. John and Worthen), a Mississippian stethacanthid chondrichthyan from the Bear Gulch Limestone of Montana, Journal of Vertebrate Paleontology, vol.5, no.1, p1-19

【第1部 第3章】
《一般書籍》
『世界の化石遺産』著：P. A. セルデン、J. R. ナッズ、2009年刊行、朝倉書店
『節足動物の多様性と系統』監修：岩槻邦男・馬渡峻輔、編：石川良輔、2008年刊行、裳華房
『THE MAZON CREEK FOSSIL FAUNA』著：Jack Wittry、2012年刊行、ESCONI
『THE MAZON CREEK FOSSIL FLORA』著：Jack Wittry、2006年刊行、ESCONI
『Richardson's Guide to The Fossil Fauna of Mazon Creek』編：Charles W. Shabica, Andrew A. Hay、1997年刊行、Northeastern Illinois University
《WEBサイト》
Ancient sharks reared young in prehistoric river-delta nursery, Jan., 07, 2014,MICHIGAN NEWS,
　http://www.ns.umich.edu/new/releases/21890-ancient-sharks-reared-young-in-prehistoric-river-delta-nursery
《学術論文》
Lauren Cole Sallan, Michael I. Coates, 2014, The long-rostrumed elasmobranch *Bandringa Zangerl*, 1969, and taphonomy within a Carboniferous shark nursery, Journal of Vertebrate Paleontology, vol. 34, no. 1, p22-33
O. Erik Tetlie, Jason A. Dunlop, 2008, *Geralinura carbonaria* (Arachinida; Uropygi) from Mazon creek, Illinois, USA, and the origin of subchelate pedipalps in whip scorpions, J. Paleont., vol. 82, no. 2, p299-312

【第1部 第4章】
《一般書籍》
『恐竜はなぜ鳥に進化したのか』著：ピーター・D・ウォード，2008年刊行，文藝春秋
『生命と地球の進化アトラス2』著：ドゥーガル・ディクソン，2003年刊行，朝倉書店
『脊椎動物の進化 原著第5版』著：エドウィン・H・コルバート，マイケル・モラレス，イーライ・C・ミンコフ，2004年刊行，築地書館
『Newton別冊 恐竜・古生物ILLUSTRATED』2010年刊行，ニュートンプレス
『The Fossil Cliffs of Joggins』著:Laing Ferguson, 1998年刊行, NOVA SCOTIA MUSEUM
『Vertebrate Palaeontology THERD EDITION』著:Micael J. Benton, 2005年刊行, Blackwell
《WEBサイト》
The Joggins Fossil Cliffs,
　http://jogginsfossilcliffs.net/
《学術論文》
Derek E. G. Briggs, A. Guy Plint, Ron K. Pickerill, 1984, *Arthropleura* trails from the Westphalian of eastern Canada, Palaeontology, vol.27, part4, p843-855
Howard J. Falcon-Lang, 2006, A history of research at the Joggins Fossil Cliffs of Nova Scotia, the world's finest Pennsylvanian section. Proceedings of the Geologists' Association, vol.117, p377-392
Robert A. Berner, 2006, GEOCARBSULF: A combined model for Phanerozoic atmospheric O_2 and CO_2, Geochimica et Cosmochimica Acta, vol.70, p5653-5664
Ronald L. Martino, Stephen F. Greb, 2009, Walking Trails of the Giant Terrestrial Arthropod *Arthropleura* from the Upper Carboniferous of Kentucky, Journal of Paleontology, vol. 83, no.1, p140-146
Spencer G. Lucas, Allan Jlerner, Joseph T. Hannibal, Adrian P. Hunt, Joerg W. Schneider, 2005, Trackway of a giant *Arthropleura* from the Upper Pensylvanian of El Cobre Canyon, New Mexico, New Mexico Geological Society, 56th Field Conference Guidebook, Geology of the Chama Basin, p279-282

【第1部 第5章】
《一般書籍》
『恐竜はなぜ鳥に進化したのか』著：ピーター・D・ウォード，2008年刊行，文藝春秋
『古生物学事典 第2版』編集：日本古生物学会，2010年刊行，朝倉書店
『進化学事典』編：日本進化学会，2012年刊行，共立出版
『Newton別冊 生命史35億年の大事件ファイル』2010年刊行，ニュートンプレス
『Evolution of the Insects』著:David Grimaldi, Michael S. Engel, 2005年刊行,Cambride University Press
《企画展図録》
『昆虫たちが生きた4億年』ぐんま昆虫の森第7回企画展，2010年刊行
《学術論文》
Matthew E. Clapham, Jered A. Karr, 2012, Enviromental and biotic controls on the evolutionary history of insect body size, PNAS, vol.109, no.27, p10927-10930

【第1部 エピローグ】
《一般書籍》
『生命と地球の進化アトラス2』著：ドゥーガル・ディクソン，2003年刊行，朝倉書店
『地球表層環境の進化』著：川幡穂高，2011年刊行，東京大学出版会
『Newton別冊 生命史35億年の大事件ファイル』2010年刊行，ニュートンプレス
《学術論文》
Thomas J. Crowley, Steven K. Baum, 1991, Estimating Carboniferous sea-level fluctuations from Gondwanan ice extent, Geology, vol. 19, p975-977
John L. Isbell, Molly F. Miller, Keri L. Wolf, Paul A. Lenaker, 2003, Timing of late Paleozoic glaciation in Gondwana: Was glaciation responsible for the development of Northern Hemisphere cyclothems?, Geological Society of America Special Paper 370, p5-24

【第2部 第1章】
《一般書籍》
『さまよえる大陸と動物たち』著：E・H・コルバート, 1980年刊行, 講談社
『生命と地球の進化アトラス2』著：ドゥーガル・ディクソン, 2003年刊行, 朝倉書店
『大陸と海洋の起源』著：アルフレッド・ウェゲナー, 1975年刊行, 講談社
《WERサイト》
光村チャンネル─教科書クロニクル 小学校編
　　http://www.mitsumura-tosho.co.jp/chronicle/syogaku/
《学術論文》
Matthew G. Powell, 2005, Climatic basis for sluggish macroevolution during the late Paleozoic ice age, Geology, vol.33, p381-384

【第2部 第2章】
《一般書籍》
『カメの来た道』著：平山廉, 2007年刊行, NHKブックス
『古生物学事典 第2版』編集：日本古生物学会,2010年刊行, 朝倉書店
『小学館の図鑑NEO 両生類・爬虫類』著：松井正文, 疋田努, 太田英利, 撮影：前橋利光, 前田憲男, 関慎太郎 ほか, 2004年刊行, 小学館
『脊椎動物の進化 原著第5版』著：エドウィン・H・コルバート, マイケル・モラレス, イーライ・C・ミンコフ, 2004年刊行, 築地書館
『手足を持った魚たち』著：ジェニファ・クラック, 2000年刊行, 講談社現代新書
『EARTH BEFORE THE DINOSAURS』著：Sébastien Steyer, 2012年刊行, Indiana Unibersity Press
『Vertebrate Palaeontology THERD EDITION』著：Micael J. Benton, 2005年刊行, Blackwell
《WEBサイト》
Missing link found, May/21/2008, UNIVERSITY OF CALGARY
　　http://www.ucalgary.ca/news/may2008/Gerobatrachus
"Frog-amander" Fossil Fills Evolutionary Gap, May/20/2008. livescience
　　http://www.livescience.com/2554-frog-amander-fossil-fills-evolutionary-gap.html
《プレスリリース》
「でこぼこな奇獣が砂漠に住んでいた」, 2013年6月24日, SVP
《学術論文》
Eberhard Frey, Hans-Dieter Sues, Wolfgang Munk, 1997, Gliding Mechanism in the Late Permian Reptile *Coelurosauravus*, Science, vol. 275, p1450-p1452
Graciela Piñeiro, Jorge Ferigolo, Melitta Meneghel, Michel Laurin, 2012, The oldest known amniotic embryos suggest viviparity in mesosaurs, Historical Biology, An International Journal of Paleobiology, vol.24, no.6, p620-p630
Jason S. Anderson, Robert R. Reisz, Diane Scott, Nadia B. Fröbisch, Stuart S. Sumida, 2008, A stem batrachian from the Early Permian of Texas and the origin of frogs and salamanders, nature, vol.453, p515-p518
Linda A. Tsuji , Christian A. Sidor , J.- Sébastien Steyer , Roger M. H. Smith , Neil J. Tabor, Oumarou Ide, 2013, The vertebrate fauna of the Upper Permian of Niger—VII. Cranial anatomy and relationships of *Bunostegos akokanensis* (Pareiasauria), Journal of Vertebrate Paleontology, vol.33, no.4, p747-p763
Michel Laurin, 1996, A Redescription of the Cranial Anatomy of *Seymouria baylorensis*, the best known Seymouriamorph (Verbrata: Seymouriamorpha), PaleoBios, vol.17, no.1, p1-16

【第2部 第3章】
《一般書籍》
『古生物学事典 第2版』編集：日本古生物学会, 2010年刊行, 朝倉書店
『新版 絶滅哺乳類図鑑』著：冨田幸光, 伊藤丙男, 岡本泰子, 2011年刊行, 丸善株式会社
『脊椎動物の進化 原著第5版』著：エドウィン・H・コルバート, マイケル・モラレス, イーライ・C・ミンコフ, 2004年刊行, 築地書館
『よみがえる恐竜・古生物』著：ティム・ヘインズ, ポール・チェンバーズ, 2006年刊行, ソフトバンククリエイティブ
『Newton別冊 恐竜・古生物ILLUSTRATED』2010年刊行, ニュートンプレス
『EVOLUTION OF FOSSIL ECOSYSTEMS SECOND EDITION』著:Paul Selden,John Nudds, 2012年刊行, Manson Publishing Ltd
『EXCEPTIONAL FOSSIL PRESERVATION』編：David J. Bottjer,Walter Etter, James W. Hagadorn, Carol M. Tang, 2002年刊行, Columbia University Press
『FORERUNERS OF MAMMALS』編：Anusuya Chinsamy-Turan,2012年刊行,Indiana University Press
『The Age of Dinosaurs in Russia and Mongolia』編：Michael J. Benton, Mikhail A. Shishkin, David M. Unwin, Evgenii N. Kurochkin,2000年刊行, Camnbridge University Press
『Vertebrate Palaeontology THERD EDITION』著：Micael J. Benton, 2005年刊行, Blackwell
《WEBサイト》
中学校理科教科書「未来へひろがるサイエンス」Q&A, 新興出版社啓林館
　　http://www.shinko-keirin.co.jp/keirinkan/j-scie/q_a/life2_04.html
Inostrancevia alexandri, MELBOURNE MUSEUM

http://museumvictoria.com.au/melbournemuseum/discoverycentre/dinosaur-walk/meet-the-skeletons/inostrancevia/

《学術論文》

Adam K. Huttenlocker, David Mazierski, Robert R. Reisz, 2011, Comparative osteohistology of hyperelongate neural spines in the Edaphosauridae (Amniota: Synapsida), Palaeontology, vol.54, Part3, p573-590

Corwin Sullivan, Robert R. Reisz, Roger M. H. Smith, 2003, The Permian mammal-like herbivore *Diictodon*, the oldest known example of sexually dimorphic armament, Proc. R. Soc. Lond. B. vol. 270, p173-178

Elizabeth A. Rega, Ken Noriega, Stuart S. Sumida, Adam Huttenlocker, Andrew Lee, Brett Kennedy, 2012, Healed Fractures in the Neural Spines of an Associated Skeleton of *Dimetrodon*: Implications for Dorsal Sail Morphology and Function, Fieldiana Life and Earth Sciences, No.5, p104-111

G.A. Florides, S.A. Kalogirou, S.A. Tassou, L. Wrobel, 2001, Natural environment and thermal behaviour of Dimetrodon limbatus, Journal of Thermal Biology, vol.26, p15-20

Joseph L. Tomkins, Natasha R. LeBas, Mark P. Witton, David M. Martill, Stuart Humphries, 2010, Positive Allometry and the Prehistory of Sexual Selection, The American Naturalist, vol.176, no.2, p141-148

【第2部 第4章】
《一般書籍》

『アンモナイト学』編：国立科学博物館，著：重田康成，2001年刊行，東海大学出版会

『凹凸形の殻に隠された謎』著：椎野勇太，2013年刊行，東海大学出版会

『オリエント急行の殺人』著：アガサ・クリスティー，2011年刊行，ハヤカワ文庫

『古生代の魚類』著：J. A. モイトーマス，R. S. マイルズ，1981年刊行，恒星社厚生閣

『新版 絶滅哺乳類図鑑』著：冨田幸光，伊藤丙男，岡本泰子，2011年刊行，丸善株式会社

『小学館の図鑑 NEO 大むかしの生物』監修：日本古生物学会，2004年刊行，小学館

『絶滅古生物学』著：平野弘道，2006年刊行，岩波書店

『大絶滅』著：Douglas H. Erwin，2009年刊行，共立出版

『東大古生物学』編：佐々木猛智，伊藤泰弘，2012年刊行，東海大学出版会

『Newton別冊 生命史35億年の大事件ファイル』2010年刊行，ニュートンプレス

『EVOLUTION OF FOSSIL ECOSYSTEMS SECOND EDITION』著：Paul Selden, John Nudds, 2012年刊行, Manson Publishing Ltd

『THE FOSSIL RECORD 2』編：M. J. Benton, 1993年刊行, Chapman & Hall

『The Rise of Fishes』著：John A. Long, 2011年刊行, The Hopkins University Press

《WEBサイト》

北九州市自然史・歴史博物館 PEPPER 展示解説システム クセナカンサス属の一種
    http://pepper.kmnh.jp/top/index.php?sub=content&contentid=19

《学術論文》

Benjamin A. Black, Jean-François Lamarque, Christine A. Shields, Linda T. Elkins-Tanton, Jeffrey T. Kiehl, 2013, Acid rain and ozone depletion from pulsed Siberian Traps magmatism, Geology, published online, doi: 10.1130/G34875.1

Conrad C. Labandeira, J. John, Sepkoski, Jr., 1993, Insect Diversity in the Fossil Record, Science, New Series, vol.261, no.5119, p310-315

David M. Raup, 1979, Size of the Permo-Triassic Bottleneck and Its Evolutionary Implications, vol.206, p217-218

David M. Raup; J. John Sepkoski, 1982, Mass Extinctions in the Marine Fossil Record, Science, New Series, vol.215, no.4539, p1501-1503

Kazushige Tanabe, Neil H. Landman, Royal H. Mapes, Curtis J. Faulkner, 1993, Analysis of a Carboniferous embryonic ammonoid assemblage - implications for ammonoid embryology, Lethaia, vol.26, p215-224

Leif Tapanila, Jesse Pruitt, Alan Pradel, Cheryl D. Wilga, Jason B. Ramsay, Robert Schlader, Dominique A. Didier, 2013, Jaws for a spiral-tooth whorl: CT images reveal novel adaptation and phylogeny in fossil *Helicoprion*, Biol. Lett. vol.9, 20130057

M. R. House, W. A. Kerr, 1989, Ammonoid Extinction Events [and Discussion], Phil. Trans. R. Soc. Lond. B, vol.325, p307-326

Robert M. Owens, 2003, The stratigraphical distribution and extinctions of Permian trilobites, Special Papers in Palaeontology, vol.70, p377-397

Rodrigo Soler-Gijón, 1999, Occipital Spine of *Orthacanthus* (Xenacanthidae, Elasmobranchii): Structure and Growth, Journal of Morphology, vol.242, p1-45

Roger Smith, Jennifer Botha, 2005, The recovery of terrestrial vertebrate diversity in the South African Karoo Basin after the end-Permian extinction, C. R. Palevol, vol.4, p623-636

Yukio Isozaki, 2009, Integrated "plume winter" scenario for the double-phased extinction during the Paleozoic-Mesozoic transition: The G-LB and P-TB events from a Panthalassan perspective, Journal of Asian Earth Sciences, vol.36, p459-480

【第2部エピローグ】
《一般書籍》

『アンモナイト学』編：国立科学博物館，著：重田康成，2001年刊行，東海大学出版会

『大絶滅』著：Douglas H. Erwin，2009年刊行，共立出版

索引

図版掲載ページは太数字

アースロプレウラ ……… 49, **62, 63, 64**
Arthropleura

アカントステガ ………… **27**, 30
Acanthostega

アカントデス …………… **52**, 129, **130**, 131
Acanthodes

アクモニスティオン …… **18, 19, 20**, 22
Akmonistion

アクロピゲ ……………… 137
Acropyge

アデロフサルムス ……… **44**
Adelophthalmus

アポグラフィオクリヌス … **16**
Apographiocrinus

アレニプテルス ………… 25, **26**
Allenypterus

アンスラコメデューサ … **37**, 38, 39
Anthracomedusa

アンモナイト類の ……… **135**
　幼殻の密集化石

イクチオステガ ………… **27**, 28, **89**
Ichthyostega

イノストランケビア …… **119**, 120
Inostrancevia

ウシガエル ……………… 91
Rana catesbeiana

ウミユリの密集化石 …… **10, 11**
　（ル・グランド産）

エスクマシア …………… **43**
Escumasia

エスコニクティス ……… 52, **53**
Esconichthys

エステメノスクス ……… **120**, 121
Estemmenosuchus

エタシスティス ………… **42**
Etacystis

エダフォサウルス ……… 105, **106, 107**, 108,
Edaphosaurus　　　　　　110, 112

エッセクセラ …………… 36, **37**, 39
Essexella

エトブラッティナ ……… **69**
Etoblattina

エリオプス ……………… **88, 89**, 90, **91**, 101
Eryops

オーストラリアウンバチクラゲ **37**, 38
Chironex fleckeri

オクトメデューサ ……… **38**, 39
Octomedusa

オルサカントス ………… 129, **130**
Orthacanthus

カスワイア ……………… 136
Kathwaia

カラミテス ……………… 49, 59, **61**, 62
Calamites

カリドスクトール ……… **24, 25**, 26
Caridsuctor

カンプトストローマ …… **17**
Camptostroma

ギルバーツオクリヌス … **14**
Gilbertsocrinus

ギンヤンマ ……………… 70
Anax parthenope

クセナカントス ………… **129**, 130
Xenacanthus

クラッシギリヌス ……… **31**, 32
Crassigyrinus

グロッソプテリス ……… **80, 81**, 82, 115
Glossopteris

ケイロピゲ ……………… 136
Cheiropyge

ゲラリヌラ ……………… **45**, 46
Geralinura

ゲラルス ………………… 46, **47**
Gerarus

ゲロバトラクス ………… **91**, 92
Gerobatrachus

コエラカントス ………… 131
Coelacanthus

コエルロサウラヴス …… **96, 97, 98, 99**, 101
Coelurosauravus

コティロリンクス ……… **110**, 111, 112
Cotylorhynchus

コンヴェキシカリス …… 40, **41**
Convexicaris

コンカヴィカリス ……… 40, **41**
Concavicaris

シギラリア ……………… 59, **60**, 65
Sigillaria

シュードフィリプシア … 137
Psudophillipsia

スクトサウルス ………… **100**, 101, 103
Scutosaurus

ステノディクティア …… **69**, 70
Stenodictya

セイムリア ……………… **84, 85, 86**, 87, 91
Seymouria

ツリモンストラム ……… 39, **40, 41**, 43
Tullimonstrum

ディアデクテス ………… **32**, 33
Diadectes

148

日本語	ページ	日本語	ページ
ディクトドン *Diictodon*	115, 116, 117, 118, 137	ヘリコプリオン *Helicoprion*	125, 126, 127, 128
ディスコサウリスクス *Discosauriscus*	87	マクロクリヌス *Macrocrinus*	14, 15
ディプロカウルス *Diplocaulus*	90, 91	メガネウラ *Meganeura*	70, 71
ディメトロドン *Dimetrodon*	105, 106, 108, 109, 110, 112	メソサウルス *Mesosaurus*	82, 93, 94, 95, 96
D・ギガンホモゲネス *D. giganhomogenes*	110	モスコプス *Moschops*	121
D・グランディス *D. grandis*	109	ユープロープス *Euproops*	44, 45
D・リムバトゥス *D. limbatus*	109, 110	ユーリプテルス *Eurypterus*	44
トクサ *Equisetum*	59	ヨンギナ *Youngina*	118
トノサマガエル *Rana nigromaculata*	91	ラツェリア *Latzelia*	49
ドリクリヌス *Dorycrinus*	12	ラティメリア *Latimeria*	25, 131
ナムロティプス *Namurotypus*	71	ラブドデルマ *Rhabdoderma*	51, 52
ニューロプテリス *Neuropteris*	47, 48	リカエノプス *Lycaenops*	112, 113, 114, 115, 119, 120, 137
ノコギリエイ *Pristis*	52	リストロサウルス *Lystrosaurus*	82, 137, 138
ハーパゴフトゥトア *Harpagofututor*	22, 23, 26	レティスクス *Lethiscus*	30, 31
パラセリテス *Paracelites*	134	レピドデンドロン *Lepidodendron*	49, 57, 58, 59
パラフィリプシア *Paraphillipsia*	137	ワーゲノコンカ *Waagenoconcha*	132, 133
バリクリヌス *Barycrinus*	13, 14		
バンドリンガ *Bandringa*	50, 51		
ヒカゲノカズラ *Lycopodium*	57		
ヒロノムス *Hylonomus*	63, 64, 65		
ファランギオタープス *Phalangiotarbus*	44, 45		
ファルカトゥス *Falcatus*	20, 21, 22, 23, 26		
ブノステゴス *Bunostegos*	102, 103		
ペデルペス *Pederpes*	28, 29, 30		
ベラントセア *Belantsea*	23, 24, 26		

149

索引　学名一覧表

Acanthodes	アカントデス	*Eryops*	エリオプス
Acanthostega	アカントステガ	*Esconichthys*	エスコニクティス
Acropyge	アクロピゲ	*Escumasia*	エスクマシア
Adelophthalmus	アデロフサルムス	*Essexella*	エッセクセラ
Akmonistion	アクモニスティオン	*Estemmenosuchus*	エステメノスクス
Allenypterus	アレニプテルス	*Etacystis*	エタシスティス
Anax parthenope	ギンヤンマ	*Etoblattina*	エトブラッティナ
Anthracomedusa	アンスラコメデューサ	*Euproops*	ユープロープス
Apographiocrinus	アポグラフィオクリヌス	*Eurypterus*	ユーリプテルス
Arthropleura	アースロプレウラ	*Falcatus*	ファルカトゥス
Bandringa	バンドリンガ	*Geralinura*	ゲラリヌラ
Barycrinus	バリクリヌス	*Gerarus*	ゲラルス
Belantsea	ベラントセア	*Gerobatrachus*	ゲロバトラクス
Bunostegos	ブノステゴス	*Gilbertsocrinus*	ギルバーツオクリヌス
Calamites	カラミテス	*Glossopteris*	グロッソプテリス
Camptostroma	カンプトストローマ	*Harpagofututor*	ハーパゴフトゥトア
Caridosuctor	カリドスクトール	*Helicoprion*	ヘリコプリオン
Cheiropyge	ケイロピゲ	*Hylonomus*	ヒロノムス
Chironex fleckeri	オーストラリアウンバチクラゲ	*Ichthyostega*	イクチオステガ
Coelacanthus	コエラカンタス	*Inostrancevia*	イノストランケビア
Coelurosauravus	コエルロサウラヴス	*Kathwaia*	カスワイア
Concavicaris	コンカヴィカリス	*Latimeria*	ラティメリア
Convexicaris	コンヴェキシカリス	*Latzelia*	ラツェリア
Cotylorhynchus	コティロリンクス	*Lepidodendron*	レピドデンドロン
Crassigyrinus	クラッシギリヌス	*Lethiscus*	レティスクス
Diadectes	ディアデクテス	*Lycaenops*	リカエノプス
Diictodon	ディイクトドン	*Lycopodium*	ヒカゲノカズラ
Dimetrodon	ディメトロドン	*Lystrosaurus*	リストロサウルス
D. giganhomogenes	D・ギガンホモゲネス	*Macrocrinus*	マクロクリヌス
D. grandis	D・グランディス	*Meganeura*	メガネウラ
D. limbatus	D・リムバトゥス	*Mesosaurus*	メソサウルス
Diplocaulus	ディプロカウルス	*Moschops*	モスコプス
Discosauriscus	ディスコサウリスクス	*Namurotypus*	ナムロティプス
Dorycrinus	ドリクリヌス	*Neuropteris*	ニューロプテリス
Edaphosaurus	エダフォサウルス	*Octomedusa*	オクトメデューサ
Equisetum	トクサ	*Orthacanthus*	オルサカンタス

Paracelites	パラセリテス
Paraphillipsia	パラフィリプシア
Pederpes	ペデルペス
Phalangiotarbus	ファランギオタープス
Pristis	ノコギリエイ
Psudophillipsia	シュードフィリプシア
Rana catesbeiana	ウシガエル
Rana nigromaculata	トノサマガエル
Rhabdoderma	ラブドデルマ
Scutosaurus	スクトサウルス
Seymouria	セイムリア
Sigillaria	シギラリア
Stenodictya	ステノディクティア
Tullimonstrum	ツリモンストラム
Waagenoconcha	ワーゲノコンカ
Xenacanthus	クセナカンタス
Youngina	ヨンギナ

■ 著者略歴

土屋 健(つちや・けん)

オフィス ジオパレオント代表。 サイエンスライター。 埼玉県生まれ。 金沢大学大学院自然科学研究科で修士号を取得（専門は地質学、 古生物学）。 その後、 科学雑誌『Newton』の記者編集者を経て独立し、現職。 近著に『大人のための「恐竜学」』（祥伝社新書）、『エディアカラ紀・カンブリア紀の生物』『オルドビス紀・シルル紀の生物』（ともに技術評論社）、『図鑑大好き！』（共著：彩流社）など

■ 監修団体紹介

群馬県立自然史博物館(ぐんまけんりつしぜんしはくぶつかん)

世界遺産「富岡製糸場」で知られる群馬県富岡市にあり、 地球と生命の歴史、 群馬県の豊かな自然を紹介している。1996年開館の「見て・触れて・発見できる」博物館。 常設展示「地球の時代」には、全長15mのカマラサウルスの実物骨格やブラキオサウルスの全身骨格、ティラノサウルス実物大ロボット、トリケラトプスの産状復元と全身骨格などの恐竜をはじめ、三葉虫の進化系統樹やウミサソリ、 皮膚の印象が残ったヒゲクジラ類化石やヤベオオツノジカの全身骨格などが展示されている。 そのほかにも、 群馬県の豊かな自然を再現したいくつものジオラマ、 ダーウィン直筆の手紙、 アウストラロピテクスなど化石人類のジオラマなどが並んでいる。 企画展も年に3回開催。

http://www.gmnh.pref.gunma.jp/

編集	ドゥ アンド ドゥ プランニング有限会社
装幀・本文デザイン	横山明彦(WSB inc.)
古生物イラスト	えるしまさく
シーン復元	小堀文彦(AEDEAGUS)
作図	土屋香

生物ミステリーPRO
石炭紀・ペルム紀の生物

発行日	2014年 8月25日 初版 第1刷発行	
	2025年 1月30日 初版 第3刷発行	
著 者	土屋 健	
発行者	片岡 巌	
発行所	株式会社技術評論社	
	東京都新宿区市谷左内町21-13	
	電話　03-3513-6150　販売促進部	
	03-3267-2270　書籍編集部	
印刷／製本	株式会社シナノ	

定価はカバーに表示してあります。
本書の一部または全部を著作権法の定める範囲を超え、無断で複写、複製、転載あるいはファイルに落とすことを禁じます。

©2014 土屋 健
　　　ドゥアンドドゥプランニング有限会社

造本には細心の注意を払っておりますが、万一、乱丁（ページの乱れ）や落丁（ページの抜け）がございましたら、小社販売促進部までお送りください。
送料小社負担にてお取り替えいたします。

ISBN978-4-7741-6588-2 C3045
Printed in Japan